高等院校艺术学门类"十四五"系列教材

Adobe Illustrator
基础与实训教程

主 编◎胡飞扬
副主编◎陈 诚 唐亚男 李晓文 关存钱
　　　　边 婧 郑 珊
参 编◎朱 旋 杨梦姗 李 妍 刘 佳
　　　　郑蓉蓉 程 顺

华中科技大学出版社
http://press.hust.edu.cn
中国·武汉

内 容 简 介

　　本书按照由浅入深、循序渐进的方式,以认识 Adobe Illustrator 软件的基本操作为基础,以了解基本工具的运用为关键,以学会使用常用工具为重点,基于平面设计各核心专业课程,全面细致地介绍了该软件的各项功能以及应用技巧,内容学习起点低,操作上手容易,语言简洁,涉及的技术全面、资源丰富。本书共十一章:第一章和第二章为基本功能介绍,以 Illustrator CC 为例,帮助新手快速认识该软件,掌握基本操作,以达到快速入门的目的;第三章至第十一章主要讲解工具的使用,并通过实际的制作案例来帮助新手对常用工具进行针对性练习。本书注重理论与实践的结合,书中案例的运用都围绕软件的知识点展开,以使读者更容易理解和掌握,方便知识点的记忆,进而使读者能够举一反三。本书可作为艺术设计专业课程的教学用书,对从事软件培训行业的人员也有较高的参考价值。

图书在版编目(CIP)数据

Adobe Illustrator 基础与实训教程/胡飞扬主编. —武汉:华中科技大学出版社,2024.2
ISBN 978-7-5772-0473-4

Ⅰ.①A… Ⅱ.①胡… Ⅲ.①图形软件-教材 Ⅳ.①TP391.412

中国国家版本馆 CIP 数据核字(2024)第 008866 号

Adobe Illustrator 基础与实训教程　　　　　　　　　　　　　　　　　　　　　　胡飞扬　主编
Adobe Illustrator Jichu yu Shixun Jiaocheng

策划编辑:彭中军

责任编辑:刘姝甜

封面设计:孢　子

责任监印:朱　玢

出版发行:华中科技大学出版社(中国·武汉)　　　电话:(027)81321913
　　　　　武汉市东湖新技术开发区华工科技园　　　邮编:430223

录　　排:武汉创易图文工作室

印　　刷:武汉科源印刷设计有限公司

开　　本:889 mm×1194 mm　1/16

印　　张:11.25

字　　数:356 千字

版　　次:2024 年 2 月第 1 版第 1 次印刷

定　　价:69.00 元

前言
Preface

Adobe Illustrator 简称 AI,是美国 Adobe 公司出品的重量级矢量绘图软件,是出版、多媒体和网络图像相关工作中必不可少的矢量图形软件,广泛应用于平面广告设计(如标志设计、招贴设计)、书籍装帧设计、UI 设计、插图创作、产品包装设计等多个领域。

为适应我国人才培养需要,本书在编写时,以提高读者行业能力为核心,以行业岗位需求为导向,以技术应用能力、自主学习能力、创新能力以及综合职业素质培养为目标来构建课程标准;以典型的实训案例任务为载体,以读者为主体,以能力为本位,构建内容结构。Adobe Illustrator 是一款非常好的矢量图形处理软件,本书以认识 Adobe Illustrator 软件的基本操作为基础,以了解基本工具的运用为关键,以学会使用常用工具为重点,基于平面设计各核心专业课程,以熟悉软件设计应用的使用技巧为要点,将实践经验直观地奉献给广大读者。本书要求学习者能够运用 Illustrator CC 的基本绘图工具组、变换工具组、文字工具组、效果工具组、图表设计工具组等实现具体项目的设计,能够胜任企事业单位的平面设计、广告设计、企业形象设计、字体设计、插图绘制、包装设计等相关工作岗位。本书内容全面,几乎涵盖了 Illustrator CC 中的所有知识点,在设计中会用到的不同方法和技巧都有相应的案例作为引导,从图形设计的一般流程入手,逐步引导读者学习软件和设计的各种技能。

本书主编为武昌理工学院教师胡飞扬。主编与其他编者根据艺术设计类专业的特点及人才需要,将理论知识结合实践教学编写入本书,读者通过学习,将能够独立完成广告设计、企业形象设计、字体设计、插画绘制、包装设计等多种工作,为实现设计构想打下坚实的基础。本书包含了编者在教学中的经验和体会,编者也一直试图寻求一些启迪读者智慧的良策,但由于水平有限,疏漏、不足之处在所难免,恳请读者批评指正。此外,本书在编写过程中引用参阅了专家学者的著作和案例,特此感谢,由于时间关系未能一一列明,敬请谅解!

目录
Contents

Adobe Illustrator Jichu yu Shixun Jiaocheng

第一章

Adobe Illustrator
基础知识

第一节
Adobe Illustrator 简介

Adobe Illustrator 是一个矢量绘图软件,具有良好的绘画及追踪特性。它无与匹敌的外观浮动画板与 Photoshop 的动态效果无缝地结合在一起,可以用又快又精确的方式制作出彩色或黑白图形,也可以设计出任意形状的特殊文字并置入影像。用 Adobe Illustrator 制作的文件,无论以何种倍率输出,都能保持原来的高品质。一般而言,Adobe Illustrator 的用户,包括平面设计师、网页设计师以及插画师等,都用它来制作商标或设计包装、海报、手册、插画以及网页等。

Adobe Illustrator 是一种应用于出版、多媒体和在线图像处理等行业的工业标准矢量绘画软件。作为一个非常好的图片处理工具,Adobe Illustrator 广泛应用于书籍排版、专业插画设计、多媒体图像处理和互联网页面制作等,它可以为线稿提供较高精度的控制,适合用于从小型到大型的设计项目。

Adobe Illustrator 作为全球著名的矢量图形软件,以其强大的功能和体贴用户的界面,已经占据了全球矢量编辑软件市场中的相当大的份额。据不完全统计,全球约有 37% 的设计师在使用 Adobe Illustrator 进行艺术设计。尤其是基于 PostScript 技术的运用,Adobe Illustrator 几乎完全占领专业的印刷出版领域。无论是线稿的设计者和专业插画家、生产多媒体图像的艺术家,还是互联网页或在线内容的制作者,使用 Adobe Illustrator 后都会发现,其强大的功能和简洁的界面设计风格只有 FreeHand 能与之相比。

Adobe Illustrator 常用以下图像文件格式。

(1)EPS 格式(∗ . EPS):最广泛地被矢量绘图软件和排版软件所接受的格式。可保存路径,并在各软件间进行转换。

(2)AI 格式:Adobe Illustrator 的源文件格式,可以同时保存矢量信息和位图信息。

(3) PDF 格式:Adobe 公司推出的专为网上出版而制定的一种可携带式的文件格式,是 Adobe Acrobat 的源文件格式。

第二节
Adobe Illustrator 的应用领域

Adobe Illustrator 软件主要应用于广告设计、包装设计、企业形象设计、字体设计、插画设计、服装设计和工业造型设计等领域。Adobe Illustrator 为使用者提供了广阔的使用空间和设计空间,极大地提高了平面设计工作的效率,进一步巩固了 Adobe 公司产品在图形、图像设计领域中的重要地位。

一、书籍设计

Adobe Illustrator 在书籍设计中的应用如图 1-1 所示。

图 1-1　Adobe Illustrator 在书籍设计中的应用

二、海报设计

Adobe Illustrator 在海报设计中的应用如图 1-2 所示。

图 1-2　Adobe Illustrator 在海报设计中的应用

三、插画设计

Adobe Illustrator 在插画设计中的应用如图 1-3 所示。

图 1-3   Adobe Illustrator 在插画设计中的应用

四、字体设计

Adobe Illustrator 在字体设计中的应用如图 1-4 所示。

图 1-4   Adobe Illustrator 在字体设计中的应用

五、图标设计

Adobe Illustrator 在图标设计中的应用如图 1-5 所示。

图 1-5　Adobe Illustrator 在图标设计中的应用

第三节
位图与矢量图的区别

一、概念

(1)位图又称点阵图,是由许多点组成的,这些点被称为像素,如图 1-6 所示。

(2)矢量图又称向量图,是相对于位图而言的,它以数学的矢量方式来记录图像的内容。矢量图中的图形元素被称为对象,如图 1-7 所示。

图 1-6　位图

图 1-7　矢量图

目前矢量图软件比较常用的有：

①CorelDRAW：适用于 PC，灵活性强，适合多页面、多规格矢量图制作，输出稳定。

②FreeHand：苹果机用户较常使用。

③Adobe Illustrator、PageMaker：Adobe Illustrator 不支持多页面；PageMaker 侧重于文字较多的排版输出。

二、像素与分辨率

像素是位图中的小方格；分辨率是单位距离内小方格的数目。高品质印刷要求分辨率为 300 像素/英寸以上。

位图放得过大会失真，出现马赛克现象，如图 1-8 所示。矢量图不存在这方面的问题，不管放大多少倍，它都能以同样清晰的方式呈现。

 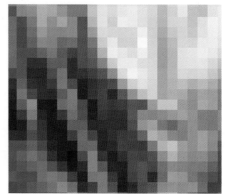

图 1-8　位图放大

三、颜色模式

颜色模式是指同一属性下不同颜色的集合。在 Adobe Illustrator 中绘制图形时，需要根据图像实际用途的不同，使用不同的颜色模式来着色。另外，绘制图形后进行图像输出打印时，也需要根据不同的输出途径使用不同的颜色模式。

计算机软件系统为用户提供的颜色模式有 10 余种。在 Adobe Illustrator 中，常用的颜色模式有 RGB、CMYK、HSB 和灰度模式等，大多数模式与模式之间可以根据处理效果的需要相互转换。下面介绍这几种颜色模式的概念、原理及通常每种颜色的运用范围。

（一）RGB 颜色模式

RGB 颜色模式是以红（red）、绿（green）和蓝（blue）三种基本颜色为原色的颜色模式，该模式在 Illustrator CC 2018 中的颜色调板如图 1-9 所示。大多数可见光谱中的颜色可以用红、绿、蓝这三种颜色进行颜色加法、按照不同的比例和强度混合配置而成，因此，RGB 颜色模式的表现力很强，它由 0～255 的亮度值来表示，可以产生 1670 余万种不同的颜色，增强了图像的可编辑性。

由于 RGB 颜色合成可以产生白色，因此也称这一过程为加色，RGB 颜色模式产生颜色的方法被称为加色法。如果将这三种颜色两两混合，可分别产生青色、洋红和黄色，如图 1-9 所示。

（二）CMYK 颜色模式

CMYK 颜色模式是以打印在纸张上的油墨的光线吸收特性为理论基础所建立的一种颜色模式,主要用于出版印刷。这个颜色模式的原色是青（cyan）、洋红（magenta）、黄（yellow）和黑（black）四种颜色。在 Illustrator CC 2018 中,CMYK 颜色模式的调板如图 1-10 所示。

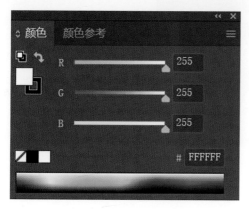
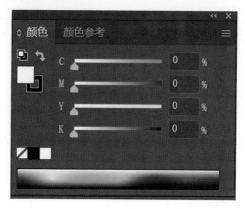

图 1-9　RGB 模式颜色调板　　　　　　　　　图 1-10　CMYK 模式颜色调板

CMYK 颜色模式对应的是印刷用的四种油墨颜色。将青（C）、洋红（M）、黄（Y）三种油墨颜色混合在一起,印刷出来的黑色不是很纯正,只是一种类似于黑色的深棕色。为了弥补这个缺陷,将黑色并入了印刷色中,以表现纯正的黑色,还可以借此减少其他油墨的使用量。四色印刷也正是由此而得名。

CMYK 颜色模式和 RGB 颜色模式有直接的联系。C、M、Y 是 R、G、B 的补色（如果将 RGB 颜色模式下的白色中的红色通道关闭,就会发现绿色和蓝色混合而成的颜色为青色,可见红色的补色为青色;绿色和蓝色的补色分别为红色和黄色）。

CMYK 模式与 RGB 颜色模式没有太大的区别,唯一的区别是产生颜色的原理不一样。青色（C）、洋红（M）和黄色（Y）的色素在合成后可以吸收光线从而产生黑色,产生黑色的过程被称为减色,CMYK 产生颜色的方法被称为减色法。

如果要输出打印所绘制的图形,那么开始绘制时最好选择 CMYK 模式,不要在印刷时临时改变颜色模式。因为 RGB 模式的颜色比较鲜艳,有些色彩在 CMYK 模式中没有,所以临时改变颜色模式可能导致印刷品和在计算机中显示的色彩不一样,造成不必要的人力和经济损失。

（三）HSB 颜色模式

HSB 颜色模式中 H 代表色相（hue）,S 代表饱和度（saturation）,B 代表亮度（brightness）,因此,通常 HSB 颜色模式是通过调节色相、饱和度、亮度来实现颜色效果的。色相是物体的固有色彩;饱和度指颜色纯度或颜色中含有灰色的程度,S 为 0 时是灰色,S 为 100％时是纯色,白色和黑色都没有饱和度;亮度指色彩的明暗度。HSB 颜色模式在 Illustrator CC 2018 中的颜色调板如图 1-11 所示。

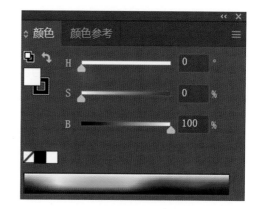

（四）灰度颜色模式

灰度颜色模式是通过 256 级灰度来表现图像的,可让图像的颜色过渡更柔和平滑。灰度图像的每个像素有一个以 0～255（0 为黑色,255 为白色）的整数来表示

图 1-11　HSB 模式颜色调板

的亮度值,即为灰度值,也可以用黑色油墨覆盖的百分比来表示(0 等于白色,100％等于黑色)。灰度颜色模式在 Illustrator CC 2018 中的颜色调板如图 1-12 所示。

图 1-12　灰色模式颜色调板

Adobe Illustrator Jichu yu Shixun Jiaocheng

第二章

Illustrator CC的基本操作

第一节
文件的基本操作

本书以 Adobe Illustrator 版本之———Illustrator CC(2018 版)为例展开介绍。

用户在使用 Illustrator CC 绘制图形时,首先需要新建文件。下面详细介绍新建文件的方法以及"新建文档"对话框中各个选项的含义。

Illustrator CC 软件启动后,会出现欢迎界面,如图 2-1 所示。在这个界面当中可以选择最近打开的文件、新建文件和打开指定文件。如果有近期的作品,也将显示在这个界面当中。用户也可以通过之前所做的设置创建新内容。

图 2-1　Illustrator CC 启动后的界面

新版本的 Illustrator CC 启动后的界面中不会出现工具栏和浮动面板。只有选择新建文件才会出现图 2-2 所示新建文件窗口。这个窗口中有最近使用项、已保存、移动设备、Web、打印、胶片和视频、图稿和插图几个选项,可以根据需求选择对应的选项。

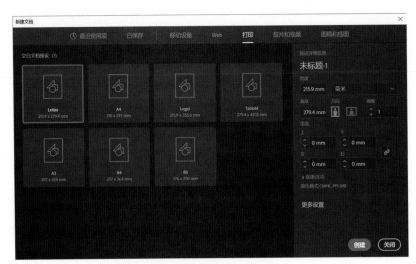

图 2-2　新建文件窗口

在这里以"打印"选项为例,选择其中一个 A4 的尺寸,在窗口的右侧"预设详细信息"面板中,还可以更改文件的名称(系统默认新建的文件名称为"未标题-1")、尺寸的大小、单位、出血、颜色模式等,然后单击"创建"按钮即可新建文件。

Illustrator CC 中集合了一些菜单命令,其中"文件"菜单选项如图 2-3 所示,包括新建、打开、关闭、存储、置入、导出、打印等。利用"文件"菜单选项对应的快捷键可使操作更加方便快捷。

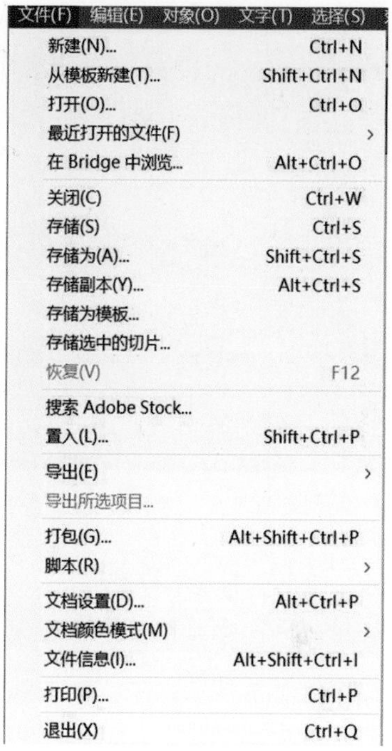

一、新建文件

执行"文件"—"新建"命令,或按下 Ctrl+N 快捷键,进行相关设置,可新建一个文件。

二、打开文件

执行"文件"—"打开"命令,或按下 Ctrl+O 快捷键,在弹出的"打开"对话框中选择需要打开的文件,单击"打开"按钮即可打开所需文件。

图 2-3　"文件"菜单选项

三、保存文件

执行"文件"—"存储"命令,或直接按 Ctrl+S 快捷键,可保存对文件的调整。

四、关闭文件

在进行相应保存后,执行"文件"—"关闭"命令,或直接按 Ctrl+W 快捷键,可关闭对应文件,此时软件未关闭。

其他文件操作与以上类似。

五、辅助绘图工具的使用

(一)显示和隐藏标尺

标尺可以帮助用户在窗口中精确地放置对象和测量对象。启用标尺后,移动光标时,标尺内的标记会显示光标的精确位置。

执行"视图"—"标尺"—"显示标尺"/"隐藏标尺",或按快捷键 Ctrl+R,即可显示/隐藏标尺。

在默认的情况下,标尺的度量单位是毫米。如果需要改变默认的标尺单位,执行"编辑"—"首选项"—"单位"命令,在弹出的"首选项"对话框中将"常规"设置为其他的度量单位即可,如图 2-4 所示。单击"确定"按钮后,标尺单位将改变为刚设置的新度量单位。

除此之外,改变当前操作文档度量单位更快捷的操作方式是:在文档标尺上单击鼠标右键,在图 2-5 所示的快捷菜单中选择需要的标尺单位。

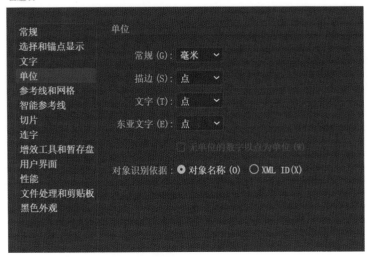

图 2-4　设置标尺"常规"单位　　　　　　　　图 2-5　修改标尺单位快捷菜单

(二)使用参考线

参考线可以帮助用户对齐文本和图形对象,是设计图稿时经常使用的一种辅助工具。参考线有两种:标尺参考线和参考线对象。标尺参考线指从标尺上拖移出来的水平或垂直参考线,而参考线对象是指转换为参考线的矢量对象。和网格一样,参考线只是一种设计时的辅助工具,不会被打印出来。

(1)创建参考线:将光标移动到水平或垂直标尺上,单击并向下拖动,移至适合的位置释放鼠标,即可创建一条水平或垂直参考线。

(2)锁定参考线:执行"视图"—"参考线"—"锁定参考线"命令,或按 Alt+Ctrl+;快捷键。

(3)改变参考线的颜色:执行"编辑"—"首选项"—"参考线和网格"命令,进行相应设置即可。

(4)显示/隐藏参考线:执行"视图"—"参考线"—"显示参考线"/"隐藏参考线"命令,或按 Ctrl+;快捷键。

(5)清除参考线:执行"视图"—"参考线"—"清除参考线"命令。

(6)显示智能参考线:执行"视图"—"智能参考线"命令,或按 Ctrl+U 快捷键,可启用或取消智能参考线。智能参考线是一种智能化的参考线,它仅在需要时出现,可帮助用户相对于其他对象创建、对齐、编辑和变换当前的对象。

(7)设置智能参考线:执行"编辑"—"首选项"—"智能参考线"命令。

(三)使用网格

网格是一种方格类型的参考线,它可以用来对齐页面和图形的位置。同时,使用网格的对齐功能还可以让图形自动对齐网格并编排图文,从而达到有规则地排列图形和文字的目的。显示网格的视图效果如图 2-6 所示。

(1)显示/隐藏网格:执行"视图"—"显示网格"/"隐藏网格"命令,或按 Ctrl+"快捷键。

(2)设置网格:执行"编辑"—"首选项"—"参考线和网格"命令,进行相应设置即可。

(3)显示透明度网格:执行"视图"—"显示透明度网格"命令,或按 Shift+Ctrl+D 快捷键。

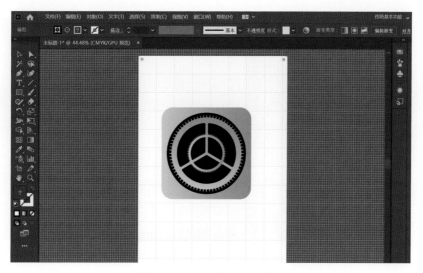

图 2-6　显示网格的视图效果

第二节
工 作 界 面

一、启动软件

启动 Illustrator CC 的方式有以下几种：

（1）单击电脑"开始"按钮，找到对应程序后双击启动。

（2）双击软件的桌面快捷方式启动。

（3）双击后缀名为".ai"的文件的图标，即可在打开文件的同时启动 Illustrator CC。

二、退出软件界面

退出 Illustrator CC 的方式有以下几种：

（1）单击软件界面右上角的"关闭"按钮。

（2）执行菜单"文件"—"退出"命令。

（3）按快捷键 Alt＋F4 或 Ctrl＋Q。

三、工作界面的组成部分

Illustrator CC 的工作界面主要由菜单栏、工具箱、状态栏、文档窗口和控制面板等组件组成，如图 2-7 所示。

菜单栏
文件标题栏
工具箱
控制面板
文档窗口
滚动条
状态栏

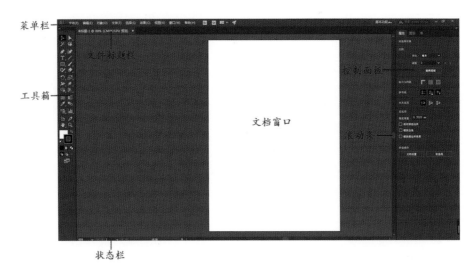

图 2-7　Illustrator CC 界面组成

菜单栏：在 Illustrator CC 中包括 9 个主菜单，这些菜单中包含了所有的图形文件的编辑和操作命令。

工具箱：含有 Illustrator CC 的图像绘制工具以及图像的编辑工具，大部分的工具还有其展开式工具组，里面包括与该工具相类似的工具。

状态栏：显示当前文档视图的显示比例、其他状态等信息。

文档窗口：显示正在处理的文档。可以将文档窗口设置为选项卡式窗口，并且在某些情况下可以进行分组。

控制面板：使用该面板可以快速调出许多设置数值和调节功能的对话框。控制面板是 Illustrator CC 最重要的组件之一，是可以折叠的，可以根据需要隐藏或展开，具有一定的灵活性。

1. 认识菜单栏命令

Illustrator CC 菜单栏功能强大，内容繁多。菜单栏由 9 个主菜单组成，如图 2-8 所示。

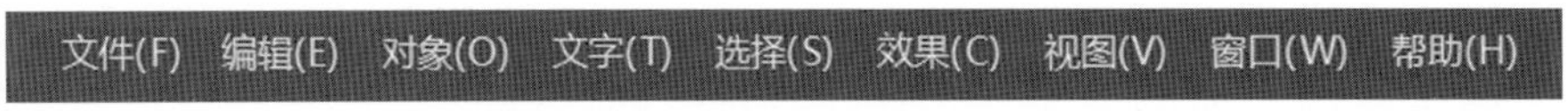

文件(F)　编辑(E)　对象(O)　文字(T)　选择(S)　效果(C)　视图(V)　窗口(W)　帮助(H)

图 2-8　Illustrator CC 菜单栏

Illustrator CC 主菜单的功能分别如下。

文件：一个集成文件操作命令的菜单，利用此菜单可以执行新建、打开、保存文件和设置页面尺寸等命令。

编辑：主要用于对对象进行编辑操作，包括对文件进行复制、剪切、粘贴以及设置图像的颜色等。另外，还可以选择相关命令设置 Illustrator CC 的性能参数。

对象：一个集成大多数矢量路径操作命令的菜单，包括对文件进行变换、排列、编组、扩展以及设置路径等。

文字：Illustrator CC 的核心菜单之一，包括设置字号和字体、查找和替换、拼写检查、排版等文字命令。

选择：包括对文件进行全选、取消选择以及存储所选对象的命令。

效果：命令和 Photoshop"滤镜"菜单中的命令相似，不同之处在于，此菜单的命令不改变对象的结构实质，只改变对象的外观。

视图:用于改变当前操作图像的视图,包括众多的辅助绘图的功能命令,如放大、缩小、显示标尺、网格等。

窗口:用于排列当前操作的多个文档或布置工作空间,包括面板的显示和隐藏命令,可以根据需要来选择显示部分面板。

帮助:包括用来解决其他菜单、工具箱、面板的功能和使用方法相关问题的命令,以及 Illustrator CC 的相关信息。

每个主菜单下包含有相应的子菜单,例如,单击"选择"菜单,会弹出图 2-9 所示的下拉子菜单。下拉子菜单栏的左边是命令的名称,在部分经常使用的命令右边显示该命令的快捷键,使用快捷键能够有效地提高绘图效率。

子菜单中有些命令右边有三角形图标,表示该子菜单还有相应的下级菜单。选中该子菜单,即可弹出其下级菜单,如图 2-9 所示。

图 2-9 "选择"菜单的子菜单及其下级菜单

如果菜单中命令呈灰色显示,则该命令在当前状态下不可用,需要选择相应的对象或对设置进行更改,该命令才会显示出可用状态。

2. 工具箱的介绍

对于设计师而言,工具箱是使用最多且最重要的操作面板,无论是图形绘制还是文字输入,都离不开工具箱中的各类工具的使用。Illustrator CC 工具箱如图 2-10 所示。

在工具箱中,有些工具的右下角带有一个灰色或黑色的三角形,这表示该工具还有其展开式工具组。用鼠标左键按住该工具不放,即可弹出对应展开式工具组。例如,用鼠标左键按住"矩形工具"按钮■,将展开矩形工具组。单击展开式工具组右面的三角形,可以将工具组拖出,如图 2-11 所示。

如果单击工具箱顶部的 ■ 或 ■ 按钮,可以切换工具箱的显示状态,使工具箱中的工具分 2 列排列或分 1 列排列,如图 2-12 所示。这样,方便用户根据显示器的不同大小和分辨率来显示工具箱,优化工作区布局。

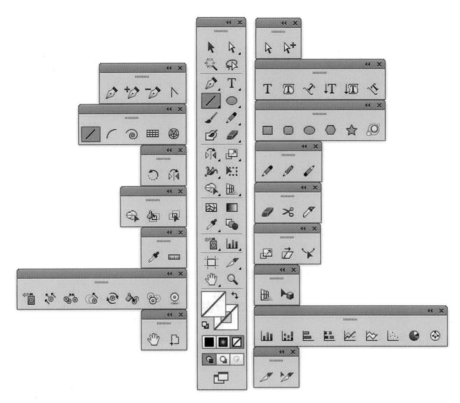

图 2-10　Illustrator CC 工具箱

图 2-11　展开并拖出工具组　　　　　　　　　　图 2-12　切换工具箱的显示状态

下面简要介绍工具箱中的部分工具。

选择工具:使用该工具可以选择一个对象或配合使用 Shift 键同时选择多个对象。

魔棒工具:利用该工具可以基于图形的填充色、边线的颜色、线条的宽度来进行选择。

套索工具:如果使用该工具来选择图形,那么只有所选择区域内的图形才能被激活。

曲率工具:可简化路径创建,使绘图变得简单、直观。利用此工具,可以创建、切换、编辑、添加或删除平滑点或角点。所有这些操作均可通过同一工具完成,不用在不同的工具之间来回切换,使用户可快速准确地处理路径。

自由变换工具:利用该工具可以对对象进行缩放、旋转、倾斜等相关变换操作。

网格工具:利用该工具可以填充多种渐变颜色的网格。

渐变工具:利用该工具可以调整对象中的渐变起点、终点以及渐变的方向。

混合工具:利用该工具可以在多个对象之间创建颜色和形状的混合效果。

比例缩放工具:利用该工具可以增加或减少页面的显示倍数。

工具箱底部的工具如图 2-13 所示。

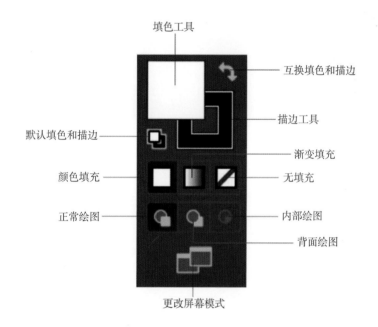

图 2-13　工具箱底部的工具

填色工具:利用该工具可以为选定的对象填充颜色、渐变、纹理和透明色。

描边工具:利用该工具可以定义选定对象的描边颜色和风格。

默认填色和描边:此按钮用于恢复默认的描边和填充颜色状态。

互换填色和描边:利用此按钮可以切换填充和描边的颜色。

颜色填充:利用该工具可以将选定的对象以单色的方式进行填充。

渐变填充:利用该工具可以将选定的对象以渐变颜色进行填充。

无填充:利用该工具可以移除选定对象的填充。

正常绘图:默认的绘图模式。可以使用 Shift+D 快捷键在绘图模式中循环切换。

背面绘图:允许在没有选择画板的情况下在所选图层上的所有画板背面绘图。如果选择了画板,则新对象将直接在所选面板背面绘制。

内部绘图:允许在所选对象的内部绘图。内部绘图模式消除了执行任务(例如绘制和转换堆放顺序或绘制、选择和创建剪贴蒙版)时需要的多个步骤。

更改屏幕模式:单击该工具按钮,将弹出快捷菜单,选择菜单上的屏幕模式可以将视图转换为相应的屏幕显示模式。其中,可选择的屏幕模式包括以下三种。

(1)正常屏幕模式:在正常窗口中显示图稿,菜单栏位于窗口顶部,滚动条位于侧面,显示文档窗口,如图 2-14 所示。

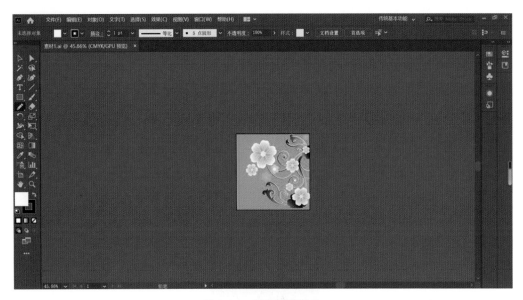

图 2-14   正常屏幕模式

(2)带有菜单栏的全屏模式:在全屏窗口中显示图稿,有菜单栏但没有文档窗口,如图 2-15 所示。

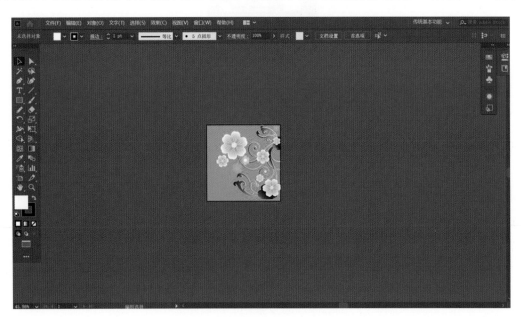

图 2-15   带有菜单栏的全屏模式

(3)全屏模式:在全屏窗口中显示图稿,不带标题栏或菜单栏,使操作者拥有最大的工作面积,如图 2-16 所示。

在这三种显示模式之间,按快捷键 F 可进行来回切换。

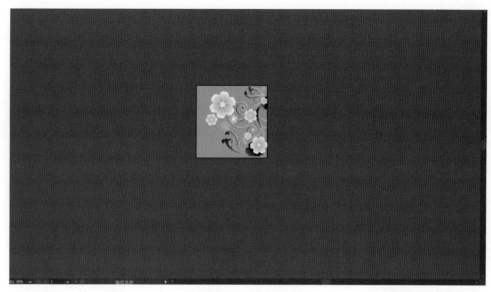

图 2-16　全屏模式

第三节
图像的显示

一、图形显示模式预览

Illustrator CC 有四种图形显示模式,分别为"预览""轮廓""叠印预览""像素预览"。默认情况下图像以预览模式显示。

(一)预览模式

预览模式也称为打印模式,该模式能显示出图像大部分的细节,如颜色、形状、位置、层次等,是图像最细微的显示模式,显示效果如图 2-17 所示。

如果当前视图的显示模式为轮廓模式,执行"视图"—"预览"命令,或按下 Ctrl＋Y 键,可切换到预览模式。

(二)轮廓模式

轮廓模式会隐藏图像的颜色信息,用线框图来表现图像。这样,在绘制图像时有一定的灵活性,根据需要在轮廓模式中操作,有助于选择复杂的图形,加快复杂图像的显示速度,从而提高操作效率。轮廓模式的图像显示效果如图 2-18 所示。

如果当前视图的显示模式为其他模式,执行"视图"—"轮廓"命令,或按下 Ctrl＋Y 键,可切换到轮廓模式。

(三)叠印预览模式

叠印预览模式的显示接近印刷时设置叠印印刷的效果,该模式有助于判断颜色应该采取叠印印刷还是挖空印刷。叠印预览模式的图像显示效果如图 2-19 所示。

执行"视图"—"叠印预览"命令,或按下 Alt+Shift+Ctrl+Y 键,可切换到叠印预览模式。

图 2-17 预览模式效果   图 2-18 轮廓模式效果   图 2-19 叠印预览模式效果

(四)像素预览模式

选择像素预览模式可以将绘制的矢量图以位图的方式显示,这样可以有效控制图像的精度和尺寸等。转换为位图方式显示的图像在放大到一定倍数后,可以看到排列在一起的像素点,也就是会产生锯齿效果。如图 2-20 所示,选择像素预览模式后,图像放大到 6 倍,局部呈现出像素锯齿效果;而选择其他的视图模式显示该局部时,没有锯齿模糊状况。

图 2-20 像素预览模式效果

执行"视图"—"像素预览"命令,或按下 Alt+Ctrl+Y 键,可切换到像素预览模式。

二、图像的显示比例

Illustrator CC 在视图的显示比例方面提供给用户很多选择,使用户可以方便地使用各种显示比例来查看视图上的图形和文字。

(一)满画布显示

选择满画布显示的方式来显示图像,能使图像最大化显示在工作界面并保持完整性。设置满画布显示图像有四种方法。

(1)执行"视图"—"画板适合窗口大小"/"全部适合窗口大小"命令,使图像在视图中满画布显示,如图2-21所示。

(2)按下 Ctrl+0 或 Alt+Ctrl+0 键,将图像满画布显示。

(3)双击工具箱中的"抓手工具"按钮 🖐,将图像满画布显示。

(4)单击状态栏的最左侧的百分比显示栏 200% ∨ 的下拉箭头,在弹出菜单中选择"满画布显示"选项,将图像满画布显示。

(二)显示实际大小

以实际大小来显示图像可以使图像按 100% 的比例显示,在这个比例下更适合对图像进行精确的编辑。设置以实际大小显示图像有四种方法。

(1)执行"视图"—"实际大小"命令,使图像在视图中显示实际大小,如图 2-22 所示。

图 2-21　满画布显示图像

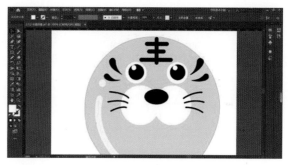

图 2-22　以实际大小显示图像

(2)按下 Ctrl+1 键,将图像以实际大小显示。

(3)双击工具箱的"缩放工具"按钮,将图像以实际大小显示。

(4)单击状态栏的最左侧的百分比显示栏 66.67% ∨ 的下拉箭头,在弹出菜单中选择"100%"选项,将图像以实际大小显示。

(三)放大和缩小图像

在 Illustrator CC 中编辑图像时,放大显示视图能使用户更清晰地观察图形的细节,进行进一步的编辑修改;而缩小图像则可以使用户观察图像的整体效果,从而对整体的构图、色调、版面等进行调整。

放大和缩小图像的方法有以下几种。

1. 使用菜单命令

执行"视图"—"放大"命令可放大图像显示,每选择一次"放大"命令,视图中的图像显示就放大一级。例如,图像以 100% 比例显示在视图中,执行"放大"命令,会使图像在视图上的显示比例转换为 200%,如图 2-23 所示;再次选择"放大"命令,显示比例则转换为 300%,如图 2-24 所示。

同样,执行"视图"—"缩小"命令可缩小视图显示,每选择一次"缩小"命令,视图中的图像显示就缩小一级。

2. 使用"缩放工具"

使用工具箱中的"缩放工具"可以放大或缩小图像显示,"缩放工具"的使用步骤和方法如下。

(1)按下 Z 键,或在工具箱中选择"缩放工具",将鼠标指针移动到视图中,鼠标指针变成缩放图标。

(2)缩放图标是 🔍,表示缩放工具处于放大状态。这时,在视图中单击,图像显示比例放大一级。放大后,图像自动调整位置,使刚才单击的位置位于图像窗口中央。

图 2-23 以 200% 的比例显示图像   图 2-24 以 300% 的比例显示图像

(3)按住 Alt 键,缩放图标由 🔍 转换为 🔍,表示缩放工具处于缩小状态。这时,在视图中单击,图像显示比例缩小一级。

使用"缩放工具"还可以针对图像的局部进行放大,使选择的局部在视图中最大化显示,以便进行细节的编辑。下面详细介绍使用"缩放工具"放大局部的步骤和方法。

(1)按下 Z 键,或在工具箱中选择"缩放工具",将鼠标指针移动到视图中,鼠标指针变成缩放图标。

(2)在图像中按住鼠标左键并拖曳鼠标指针,拖出一个矩形框,框选需要放大的局部区域。释放鼠标后,框选的区域会放大显示并布满图像窗口,如图 2-25 所示。

图 2-25 放大图像的局部

3. 使用快捷键

连续按下 Ctrl＋＋键,可逐步按照级别放大图像显示比例。例如,图像以 50% 的比例显示在视图中,按下 Ctrl＋＋键,可转换为 66.67% 的显示比例;再次按下 Ctrl＋＋键,则转换为 100% 的图像显示比例。

同样,连续按下 Ctrl＋－键,可逐步按照级别缩小图像显示比例。

4. 使用状态栏

状态栏的百分比数值栏 100% ▼ 中显示图像的当前显示比例。如果需要改变当前显示比例,单击该百分比数值栏的右侧下拉箭头,在弹出菜单(见图 2-26)中选择一个比例数值,这时,图像则以选择的比例数值来显示。另外,还可以在百分比数值栏中输入比例数值,按 Enter 键就可以应用这个比例数值来显示图像。

5.使用导航器

执行"窗口"—"导航器"命令,打开"导航器"面板,如图 2-27 所示,利用该面板可以对图像显示进行放大和缩小操作。在面板中的预览图上的红框表示图像在视图上的显示区域。

使用导航器进行放大和缩小的操作有三种方法。

(1)单击面板下方比例数值右侧的较大的三角形按钮███,可以和使用"缩放工具"一样,按级放大图像,例如,从 50% 的显示比例放大到 66.67%,再相继放大到 100%、150% 等。同样,单击面板下方比例数值左侧的较小的三角形按钮███,可按级缩小图像。

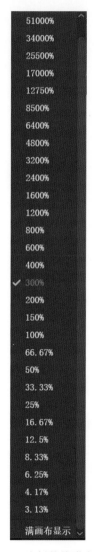

图 2-26　比例数值弹出菜单　　　　　　　　图 2-27　"导航器"面板

(2)在面板下方的数值框 300% ▾ 中输入比例数值,按 Enter 键就可以应用这个比例数值来显示图像。

(3)按住 Ctrl 键,在面板的预览图中单击并按住鼠标进行拖动,框选需要放大的区域,释放鼠标即可将选定区域放大。

三、边缘、画板和页面拼贴的显示

在使用 Illustrator CC 绘图的过程中,有时候图像的边缘、控制点、画板和页面拼贴会影响图像观察,用户可以根据需要来显示或隐藏它们。

(一)显示边缘

在系统默认情况下,"显示边缘"命令保持被激活状态。这样,选择图形时,可以看到该图形的边缘和控制点。

如果执行"视图"—"隐藏边缘"命令,将使选定对象的边缘和控制点都不可见,方便在复杂的图像中更快捷、精确地选定对象。如果需要重新显示边缘,则执行"视图"—"显示边缘"命令。

(二)显示画板

画板指在工作界面中以黑色实线表示的矩形区域,这个区域的大小就是用户设置的页面大小。

执行"视图"—"隐藏画板"命令,将使工作界面中表示画板的黑色实线不可见。如果需要重新显示画板,则执行"视图"—"显示画板"命令。

四、自定义视图

为了满足不同用户的习惯的需求,Illustrator CC 提供了多种视图方式,用户还可以新建视图以便随时调用,从而提高工作效率。下面详细介绍自定义视图的使用步骤和方法。

(1)设置视图中图像的水平、垂直位置和显示比例等各种参数。

(2)执行"视图"—"新建视图"命令,在弹出的"新建视图"对话框(见图 2-28)的"名称"文本框中输入视图的名称。在本例中输入的名称为"新建视图 1"。

图 2-28 "新建视图"对话框

单击"确定"按钮。这时,单击"视图"菜单,可以看到"视图"菜单的底部出现"新建视图 1"视图选项,如图 2-29 所示。

(3)在编辑图像过程中,视图中图像的位置和比例将会被改变。如果需要回到刚存储的视图,执行"视图"—"新建视图 1"命令,则之前创建的视图将被重新调用出来。

(4)如果需要编辑存储的视图,则执行"视图"—"编辑视图"命令,打开"编辑视图"对话框,如图 2-30 所示。在对话框中,选择视图名称,在"名称"文本框中输入新的名称,可以重命名视图;选择视图名称后,单击"删除"按钮,可以将该视图删除。

新建视图(I)...

编辑视图...

新建视图1

图 2-29　"视图"菜单底部出现新建视图选项　　　　图 2-30　"编辑视图"对话框

单击"确定"按钮,编辑视图的操作即可生效。

Adobe Illustrator Jichu yu Shixun Jiaocheng

第三章

绘制基本图形

第一节
绘制基本线条

绘制基本线条需要用到的工具有"直线段工具" ▱、"弧形工具" ▱、"螺旋线工具" ▱、"矩形网格工具"
▱、"极坐标网格工具" ▱，下面详细介绍这些工具的使用方法。

一、直线段工具

直线段是图形中的基本元素，利用"直线段工具"，将光标放在起点位置单击，并拖动到需要结束的终点
位置，释放鼠标，即可得到一条直线段。也可以通过"直线段工具选项"对话框内的选项来设置直线的长度、
方向等。

在绘制时按住 Shift 键，会将直线段约束到与水平线成 45°角；在水平方向拖动鼠标时，按住 Shift 键，会
将直线段约束到与水平线成 180°（即水平方向）角，如图 3-1 所示。

二、弧形工具

"弧形工具"的使用方法与"直线段工具"相同，可以选择"弧形工具"（见图 3-2）后在画板中直接拖动鼠
标来创建弧线。

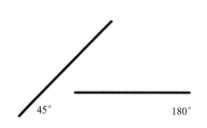

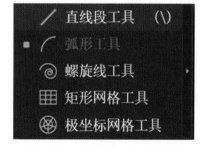

图 3-1　绘制 45°或 180°直线段　　　　图 3-2　选择"弧形工具"

利用"弧形工具"可以绘制出开放的弧线段和闭合的弧形。

使用"弧形工具"绘制弧线时，在拖动鼠标的过程中：按住 Shift 键，可以得到 X 轴和 Y 轴方向长度相等
的弧线，如图 3-3 所示；按住 F 键，可改变弧线的方向，如图 3-4 所示；按住 X 键，可将弧线在凹和凸曲线之间
切换。

"弧线段工具选项"对话框如图 3-5 所示。选项设置如下。

X 轴长度：该选项数值可以控制弧线在 X 轴上的长度。

Y 轴长度：该选项数值可以控制弧线在 Y 轴上的长度。

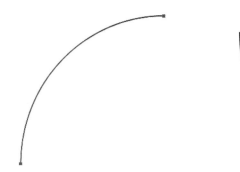 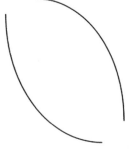 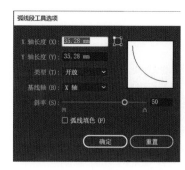

图 3-3　X 轴和 Y 轴方向长度相等的弧线　　　图 3-4　改变弧线的方向　　　图 3-5　"弧线段工具选项"对话框

类型：在该下拉列表中可以选择弧线的类型是开放型还是闭合型。开放型弧线和闭合型弧线效果如图 3-6 所示。

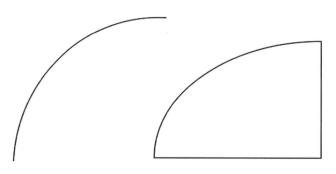

图 3-6　开放型弧线和闭合型弧线

基线轴：在该下拉列表中可以选择弧线的坐标轴是 X 轴还是 Y 轴。

斜率：该选项中的数值用来控制弧线的凸起和凹陷的程度，也可以直接拖动该选项中的滑块来调整斜率。

弧线填色：选择该复选框将使绘制出的弧线有填色性能。

三、螺旋线工具

"螺旋线工具"用于绘制各种螺旋形状的线条。选中该工具后，如图 3-7 所示，在画板中拖动鼠标即可创建螺旋线。

单击直线段工具组中的"螺旋线工具"按钮，在页面中按住鼠标左键进行拖动，拖到预想的螺旋线大小和角度后释放鼠标，即可得到一条螺旋线，如图 3-8 所示。

在绘制螺旋线的过程中，通过配合快捷键，可以获得多样化的螺旋线效果：

(1)按住 Ctrl 键，可以控制螺旋线的密度。

(2)按住空格键，可以在绘制过程中移动正在绘制的螺旋线。

(3)按住↓键能减少螺旋圈数；按住↑键能增加螺旋圈数。

(4)按住～键，可以绘制以鼠标单击点为扩散点的多条螺旋线，鼠标的移动控制螺旋线的长短度，如图 3-9 所示。

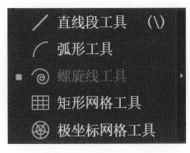

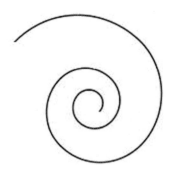

图 3-7　选择"螺旋线工具"　　　　　　图 3-8　绘制螺旋线　　　　　　图 3-9　绘制多条螺旋线

四、矩形网格工具

　　"矩形网格工具"可用于绘制带网格的矩形。单击工具箱中的"矩形网格工具"按钮▦，如图 3-10 所示，并在页面上的任意位置按住鼠标左键拖动，可创建网格。

　　在默认情况下，使用"矩形网格工具"可以绘制出一组水平方向和垂直方向分隔线各为 5 条的矩形网格。

　　在拖动绘制矩形网格的过程中：

　　按 C 键，竖向的网格间距逐渐向右变窄，如图 3-11 所示；

　　按 V 键，横向的网格间距会逐渐向上变窄，如图 3-12 所示；

　　按 X 键，竖向的网格间距逐渐向左变窄，如图 3-13 所示；

　　按 F 键，横向的网格间距会逐渐向下变窄，如图 3-14 所示；

　　按↑或↓键，可增加或减少横向网格的数量；

　　按→或←键，可增加或减少竖向网格的数量。

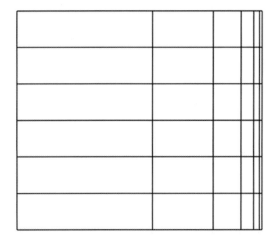

图 3-10　选择"矩形网格工具"　　　　　图 3-11　竖向网格间距向右变窄

　　在工具箱中双击"矩形网格工具"图标，会打开"矩形网格工具选项"对话框（见图 3-15），在对话框中可以设置矩形网格的大小、水平方向的网格数量、垂直方向的网格数量和网格线倾斜的角度等。

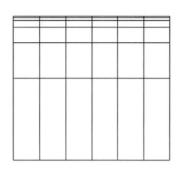

图 3-12　横向网格间距向上变窄

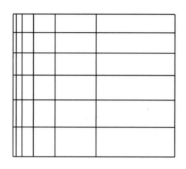

图 3-13　竖向网格间距向左变窄

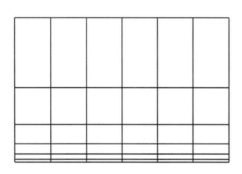

图 3-14　横向网格间距向下变窄

图 3-15　"矩形网格工具选项"对话框

"矩形网格工具选项"对话框中的选项设置如下。

宽度：该选项数值可以控制网格的宽度。

高度：该选项数值可以控制网格的高度。

水平/垂直分隔线数量：该选项数值可以控制网格中在水平/垂直方向的分隔线数量。

水平/垂直分隔线倾斜：该选项数值可以控制网格在水平/垂直方向的间距,可以直接拖动该选项下的滑块　来调整分隔线倾斜方向。

使用外部矩形作为框架：选择该复选框会使矩形网格可以填充底色。

填色网格：选择该复选框将使绘制的矩形网格线段可以被填色。

五、极坐标网格工具

使用"极坐标网格工具"可以绘制出同心圆以及按照指定的参数确定的放射线段,极坐标网格即雷达网格。

"极坐标网格工具"的使用方法与"矩形网格工具"相似,可以通过选择"极坐标网格工具"(见图 3-16),在页面中按住鼠标左键拖动鼠标,生成极坐标网格,也可以通过双击该工具图标,在打开的"极坐标网格工具选项"对话框中进行精确的设置。

单击并拖曳鼠标绘制出极坐标网格时：

按↑或↓键,可增加或减少同心圆网格数量,如图 3-17 所示；

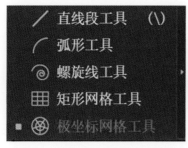

图 3-16　选择"极坐标网格工具"

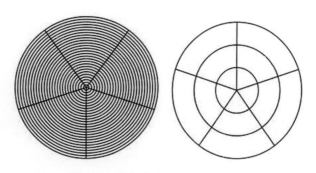

图 3-17　增加或减少同心圆网格数量

按→或←键,可增加或减少径向分隔线条的数量,如图 3-18 所示;

按 X 键,同心圆会向网格中心聚拢,如图 3-19 所示;

按 C 键,同心圆会向边缘聚拢,如图 3-20 所示;

按 V 键,分隔线会沿顺时针方向逐渐聚拢,如图 3-21 所示;

按 F 键,分隔线会沿逆时针方向逐渐聚拢,如图 3-22 所示。

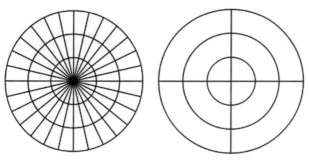

图 3-18　增加或减少径向分隔线条的数量

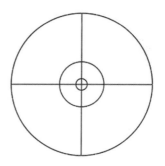

图 3-19　同心圆向网格中心聚拢

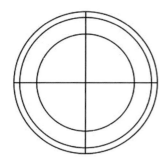

图 3-20　同心圆向边缘聚拢

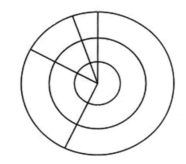

图 3-21　分隔线沿顺时针方向逐渐聚拢

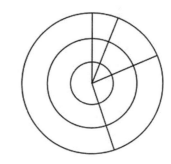

图 3-22　分隔线沿逆时针方向逐渐聚拢

双击工具箱中的"极坐标网格工具"按钮,会弹出"极坐标网格工具选项"对话框,如图 3-23 所示。

"极坐标网格工具选项"对话框中的选项设置如下。

宽度:该选项数值可以控制极坐标网格的宽度。

高度:该选项数值可以控制极坐标网格的高度。

同心圆/径向分隔线数量:该选项数值可以控制网格的同心圆/径向分隔线的数量。

同心圆/径向分隔线倾斜:该选项数值可以控制网格中的同心圆/径向分隔线之间聚拢的方向,也可以直接拖动该选项下的滑块━━━━━━◯━━━━━━来调整分隔线聚拢方向。

从椭圆形创建复合路径:选择该复选框,网格将以复合路径填充。

31

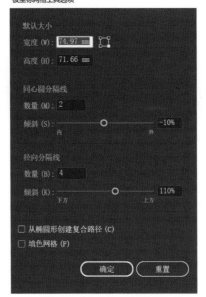

图 3-23 "极坐标网格工具选项"对话框

填色网格:选择该复选框将使绘制的极坐标网格线段可以被填色。

第二节
绘制基本几何图形

绘制基本几何图形需要用到的工具有"矩形工具" 、"圆角矩形工具" 、"椭圆工具" 、多边形工具" 、"星形工具" 、"光晕工具" ,下面详细介绍这些工具的使用方法。

一、矩形工具

单击工具箱中的"矩形工具"按钮 ,将鼠标指针移至页面上。这时,鼠标指针会变成符号 。

在页面中按住鼠标左键沿着对角线进行拖动,拖到预想的矩形大小后释放鼠标。这时,矩形被创建,如图 3-24 所示。

选中"矩形工具",然后在画板空白位置单击,会弹出"矩形"对话框,在对话框中可指定宽度和高度,如图 3-25 所示。

如果需要在手动绘制矩形时调整矩形的参数,则需要配合快捷键:

(1)按住 Shift 键,可以绘制出正方形。

(2)按住 Alt 键,可以沿中心点从内而外扩散绘制矩形。

(3)按住空格键,则可以在绘制过程中移动正在绘制的矩形。

(4)按住~键,可以绘制以鼠标单击点为扩散点的多个矩形。

图 3-24 创建矩形   图 3-25 "矩形"对话框

二、圆角矩形工具

在工具箱中用鼠标点按住"矩形工具"按钮▦不放,将展开矩形工具组。

单击工具组中的"圆角矩形工具"按钮▣(见图 3-26),在页面中按住鼠标左键进行拖动,拖到预想的矩形大小后释放鼠标,即创建圆角矩形。

如果需要在手动绘制圆角矩形时调整矩形的参数,则需要配合快捷键:

(1)按住 Shift 键,可以绘制出圆角正方形。

(2)按住 Alt 键,可以沿中心点从内而外扩散绘制圆角矩形。

(3)按住空格键,则可以在绘制过程中移动正在绘制的圆角矩形。

(4)按↓键或↑键可以改变圆角半径。按↓键能使圆角半径变小;按↑键能使圆角半径变大。

(5)按←键能使圆角半径变为最小,即成为不带圆角的基本矩形;按→键能使圆角半径变为最大,使圆角矩形接近椭圆形。

(6)按住～键,可以绘制以鼠标单击点为扩散点的多个圆角矩形。

如果想要改变圆角矩形的圆角半径,可以单击工具箱中的"圆角矩形工具"按钮,并在页面上的任意位置单击,在弹出的"圆角矩形"对话框中设置圆角半径,如图 3-27 所示。

图 3-26 选择"圆角矩形工具"   图 3-27 "圆角矩形"对话框

三、椭圆工具

Illustrator CC 中,椭圆的构成和矩形有所不同:矩形由 4 条直线段构成,而椭圆可看成由 4 条曲线构成。但椭圆和矩形有相似的定位点和中心点,所以创建方式很相似。

手动绘制椭圆的步骤和绘制矩形的步骤基本一样。

(1)单击矩形工具组中的"椭圆工具"按钮⬤,将鼠标指针移至页面上。

(2)在页面中单击并按住鼠标进行拖动,拖到预想的椭圆大小后释放鼠标。这时,椭圆被创建,如图 3-28 所示。

如果需要在手动绘制椭圆时调整椭圆的参数,则需要配合快捷键:

(1)按住 Shift 键,可以绘制出正圆,如图 3-29 所示。

(2)按住 Alt 键,可以沿中心点从内而外扩散绘制椭圆。

(3)按住 Shift+Alt 键,则可沿中心点从内而外扩散绘制正圆。

(4)按住空格键,可以在绘制过程中移动正在绘制的椭圆。

(5)按住~键,可以绘制以鼠标单击点为扩散点的多个椭圆。

精确地绘制椭圆的方法和绘制矩形的方法一样,只是弹出的对话框不同。设置椭圆参数是在"椭圆"对话框中,如图 3-30 所示。

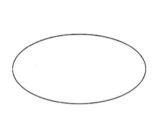
图 3-28　绘制椭圆

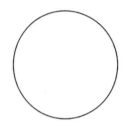
图 3-29　绘制正圆

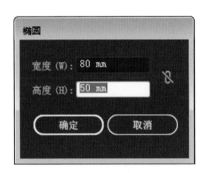
图 3-30　"椭圆"对话框

四、多边形工具

使用"多边形工具"可以绘制任意边数的多边形,默认时生成的是六边形;设置了相应的参数后,也可以绘制出圆形。

绘制多边形的步骤如下。

(1)单击矩形工具组中的"多边形工具"按钮,将鼠标指针移至页面上,鼠标指针变成符号✛。

(2)在页面中任意位置按下鼠标并进行拖动。与绘制椭圆和矩形不同的是,多边形的生成是由中心开始由内向外的。拖动鼠标的同时,创建的图形会随着鼠标进行旋转以调整角度。

(3)当拖动鼠标达到想要的多边形的大小和角度时,释放鼠标,创建出一个多边形,如图 3-31 所示。

如果需要在手动绘制多边形时调整多边形的参数,则需要配合快捷键:

(1)按住 Shift 键,可以绘制出摆正的多边形,如图 3-32 所示。

(2)按↓键能减少多边形边数;按↑键能增加多边形的边数。

(3)按住~键,则可以绘制出以鼠标单击点为扩散点的多个同心多边形,如图 3-33 所示。

使用对话框精确创建多边形的方法和其他图形相同。单击工具箱中的"多边形工具"按钮⬡,在页面上的任意位置单击,在弹出的"多边形"对话框中可以设置多边形的半径和边数,如图 3-34 所示。单击"确定"按钮,这时就创建出对话框中所设定的多边形。

"多边形"对话框中的选项设置如下。

半径:该选项数值可以控制多边形的半径,也就是多边形从中心到角点的尺寸。

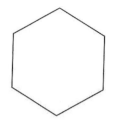
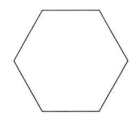

图 3-31　绘制多边形　　图 3-32　绘制摆正的多边形　　图 3-33　同心多边形效果

边数:该选项数值可以控制多边形的边数,边数的设置范围是 3～1000。不同边数的多边形效果如图 3-35 所示。

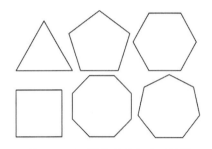

图 3-34　"多边形"对话框　　　　　图 3-35　不同边数的多边形效果

五、星形工具

(1)单击矩形工具组中的"星形工具"按钮,将鼠标指针移至页面上。

(2)在页面中任意位置按下鼠标并进行拖动。星形的绘制和多边形一样,都是由中心开始由内向外生成图形的。拖动鼠标的同时,创建的图形也会进行旋转。

(3)当拖动鼠标达到想要的星形的大小和角度时,释放鼠标,则创建出星形。默认星形为五角星形。

如果需要在手动绘制星形时调整星形的参数,则需要配合快捷键:

(1)按住 Shift 键,可以绘制出角度不变的正星形,如图 3-36 所示。

(2)按 ↓ 键能减少星形边数;按 ↑ 键能增加星形的边数。

(3)按住 ～ 键,可以绘制出以鼠标单击点为扩散点的多个同心星形。

(4)按住空格键,可以在绘制过程中移动正在绘制的星形。

(5)按住 Ctrl 键,Illustrator CC 会自动记录此时星形的内侧半径,也就是"半径 1"的数值。这样,向外继续拖动鼠标,"半径 1"不变,"半径 2"(外侧半径)继续放大,星形的角将会变得尖锐,如图 3-37 所示。绘制星形时,拖动鼠标到图 3-37(a)的状态,按住 Ctrl 键,继续拖动鼠标,会使效果如图 3-37(b)所示。

(6)按住 Alt 键,可以保持所绘制的星形的任意一边始终和相对应的边保持为在一条直线上的状态,如图 3-38 所示。在同样的参数设置下,图 3-38(a)是在没有按下 Alt 键的情况下绘制的星形,图 3-38(b)是按住 Alt 键而绘制的星形。

和其他图形工具一样,通过对话框设置可以精确地创建星形。单击工具箱中的"星形工具"按钮,在页面上的任意位置单击,则弹出"星形"对话框,如图 3-39 所示。分别设置星形的 3 个选项参数后,单击"确定"按钮,这时则创建出对话框中所设定的星形。

图 3-36　绘制正星形

(a)按住Ctrl键绘制

(b)继续按住Ctrl键拖动鼠标

图 3-37　按住 Ctrl 键绘制星形

(a)未按Alt键

(b)按住Alt键

图 3-38　是否按住 Alt 键绘制星形的对比效果

图 3-39　"星形"对话框

"星形"对话框中的选项设置如下。

半径 1：该选项的数值可以定义星形内侧的点到中心点的距离。

半径 2：该选项的数值可以定义星形外侧的点到中心点的距离。

角点数：该选项的数值可以定义星形的角数。

六、光晕工具

"光晕工具"主要用于表现灿烂的日光、镜头光晕等效果。

(1)单击矩形工具组中的"光晕工具"按钮，将鼠标指针移至页面上。

(2)在页面中任意位置按下鼠标并进行拖动，确定光晕的整体大小。

(3)释放鼠标，再继续移动鼠标到合适位置，从而确定光晕效果的长度。

(4)单击鼠标完成光晕效果的绘制，效果如图 3-40 所示。

如果需要在手动绘制光晕时调整光晕的参数，则需要配合快捷键：按↓键能减少射线数量；按↑键能增加射线的数量；按住 Alt 键，可以一次到位地绘制光晕（默认设置为上次创建光晕的参数）。

单击工具箱中的"光晕工具"按钮，在页面上的任意位置单击，则弹出"光晕工具选项"对话框，如图 3-41 所示。分别设置光晕的各个选项参数后，单击"确定"按钮，创建出对话框中所设定的光晕。

"光晕工具选项"对话框中的选项设置如下。

(1)"居中"组主要用来设置光晕中心部分。

直径：用来控制光晕的整体大小。

不透明度：用来控制光晕的透明度。

亮度：用来控制光晕的亮度。

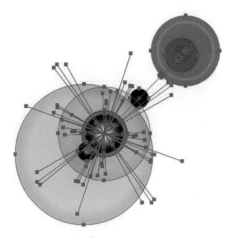

图 3-40　光晕效果

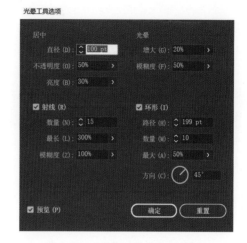

图 3-41　"光晕工具选项"对话框

(2)"射线"组主要用来设置射线,使得光晕更加真实自然。

数量:用来控制射线数量。

最长:用来控制射线长度。

模糊度:用来控制射线的聚集度。

(3)"光晕"组用来设置光晕的强度和柔和度。

增大:用来控制光晕的发光程度。

模糊度:用来控制光晕的柔和程度。

(4)"环形"组主要用来设置光环的距离、数量等。

路径:用来控制光晕中心和末端的直线距离。

数量:用来控制环形的数量。

最大:用来控制环形的最大比例。

方向:用来控制光晕的发射角度。

第三节
自由绘制图形

自由画笔工具组包括"Shaper 工具"、"铅笔工具"、"平滑工具"、"路径橡皮擦工具"、"连接工具"。下面详细介绍这些工具的使用方法。

一、Shaper 工具

(一)绘制简单形状

通过"Shaper 工具",只需绘制、堆积各种形状,将它们放置在一起,然后简单地组合、合并、删除或移动,即可创建出复杂而美观的设计。利用该工具,使用简单、直观的手势,即可执行原本可能需要多个步骤才能完成的操作。

使用"Shaper 工具"可将自然手势转换为矢量形状,使用鼠标或简单易用的触控设备,可创建多边形、矩形或圆形。绘制的形状为实时形状。此功能在 Illustrator CC 传统工作区和专门的触控工作区中已启用。

下面通过例子来说明"Shaper 工具"的具体使用方法。

(1)在工具箱中,单击"Shaper 工具"按钮 (或按 Shift＋N 键)。

(2)在文档中,用手绘制一个形状。例如,绘制一个粗略形态的三角形、矩形、圆形、椭圆或多边形,如图 3-42 所示,所绘制的形状会转换为明晰的几何形状。所创建的形状是实时的,并且与任何实时形状一样可以编辑。

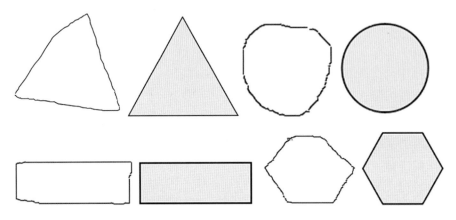

图 3-42　将随意的手势转换为矢量形状

(二)创建或刻画复杂形状

(1)使用"Shaper 工具"快速绘制矩形、圆形和多边形,并使这些形状重叠在一起,如图 3-43 所示。

(2)选择"Shaper 工具",使用鼠标在要合并、删除或者切出的区域上涂抹。图 3-44 所示为几种涂抹方式及对应的效果图。

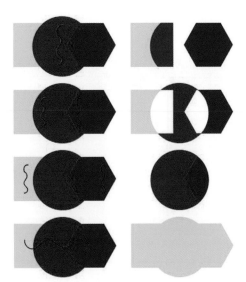

图 3-43　创建的形状　　　图 3-44　涂抹操作后生成的效果

以下规则决定形状的各个部分如何被切出或合并,以及合并的形状具有什么颜色。

如果涂抹是在一个形状内进行的,那么该区域会被切出。

如果涂抹是在两个或更多形状的相交区域之间进行的,则相交的区域会被切出。

如果涂抹源自顶层的形状:从非重叠区域到重叠区域,顶层的形状将被切出;从重叠区域到非重叠区域,形状将被合并,而合并区域的颜色即为涂抹原点的颜色。

如果涂抹源自底层的形状:从非重叠区域到重叠区域,形状将被合并,而合并区域的颜色即为涂抹原点的颜色。

在 Illustrator CC 中可使用"Shaper 工具"进行编辑的形状称为 Shaper Group。Shaper Group 中的所有形状均保持可编辑的状态,即使形状的某些部分已被切出或合并也是如此。以下操作中允许选择单个的形状或组。

(1)选择"Shaper 工具"(或按 Shift+N 键)。

(2)利用图 3-45 所示的 Shaper Group,点按或单击 Shaper Group,即会选中该 Shaper Group,并且会显示定界框及箭头构件,如图 3-46 所示。

图 3-45　Shaper Group

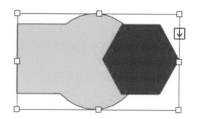

图 3-46　选中后状态

(3)再次点按该形状(如果存在单个的形状,则点按单个形状)。当前处于表面选择模式。

(4)如果 Shaper Group 包含合并的形状,则该形状的表面会显得暗淡。可以更改形状的填充颜色。

(5)点按或单击图 3-46 中的箭头构件,使其指示方向朝上,如图 3-47 所示,即进入构建模式。

(6)单击其中的一个对象,可以修改该对象的任何属性或外观,如图 3-48 所示。

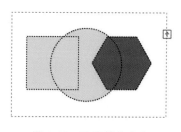

图 3-47　改变箭头方向

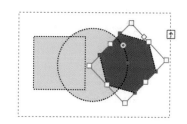

图 3-48　更改其中对象的方向

如果想要删除 Shaper Group 中的形状,只需在执行进入构建模式所需要的步骤后,将要删除的形状拖动到定界框之外即可。

二、铅笔工具

使用"铅笔工具" ✎ 可以随意绘制出不规则的曲线路径,既可以生成开放路径,又可以生成封闭路径。

"铅笔工具" ✎ 的使用方法很简单。在工具箱中选择"铅笔工具"后,可以在页面上随意进行描绘,在鼠标按下的起点和终点之间创建一条线。释放鼠标后,Illustrator CC 自动根据鼠标轨迹来设置点和段的数目,并创建一条路径。图 3-49 所示为使用"铅笔工具"绘制的图形。

使用"铅笔工具"绘制的路径形状和绘制时的移动速度及连续性有关。若鼠标在某处停留时间较长,系统将在此处插入一个锚点;反之,鼠标移动速度快,系统将忽略一些改变方向的锚点。

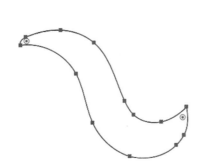

图 3-49　使用"铅笔工具"绘制图形　　　　　　图 3-50　"铅笔工具选项"对话框

如果需要对"铅笔工具"进行设置,双击工具箱中的"铅笔工具"按钮 ,弹出"铅笔工具选项"对话框,如图 3-50 所示。在对话框中,可以对"铅笔工具"的以下属性进行设置。

保真度:该选项的数值控制曲线偏离鼠标原始轨迹的程度。数值越小,锚点越多;数值越大,曲线越平滑。

填充新铅笔描边:选择该选项将对绘制的铅笔描边应用填色,但不对当前铅笔线条描边。

保持选定:选择该选项会使路径在绘制的过程中始终保持被选取的状态。

编辑所选路径:选择该选项能对当前已选中的路径进行多次编辑。"铅笔工具"不能进行延长路径、封闭路径等操作。

范围:该选项数值决定鼠标指针与现有路径距离达到多少才能使用"铅笔工具"编辑路径。

三、平滑工具

使用"平滑工具" 可以对路径进行平滑处理,并保持路径的原始状态。

"平滑工具"的使用方法很简单。在页面上选择需要平滑处理的路径,再在工具箱中选择"平滑工具",然后在选取的路径上单击并拖动鼠标,使该路径上的角点平滑或删除锚点,并尽量保持路径原来的形状。平滑路径前后的对比效果如图 3-51 所示。

如果需要对"平滑工具"进行设置,可双击工具箱中的"平滑工具"按钮 ,弹出"平滑工具选项"对话框,如图 3-52 所示。在对话框中可以对"平滑工具"的"保真度"选项进行设置。

保真度:该选项的数值控制修改后的路径偏离鼠标滑行轨迹的程度。数值越小,锚点越多;数值越大,曲线越平滑。

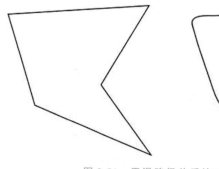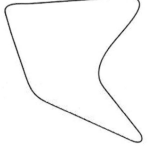

图 3-51　平滑路径前后的对比效果　　　　　　　　图 3-52　"平滑工具选项"对话框

四、路径橡皮擦工具

"路径橡皮擦工具" 的作用可以理解为生活中橡皮的作用,它可用来清除绘制的路径或画笔的一部分。在页面上选择需要擦除的路径,再在工具箱中选择"路径橡皮擦工具",然后在选取的路径上拖动鼠标进行擦除。在擦除路径后,系统将自动在路径末端添加一个锚点。这样,闭合路径在擦除后将会变为开放式路径。

在擦除过程中,按住 Ctrl 键可以将"路径橡皮擦工具" 直接转换为"选择工具" ,重新选择需要编辑的路径。释放 Ctrl 键,"选择工具"又重新转换为"路径橡皮擦工具",继续进行擦除操作。

如果按住 Alt 键,"路径橡皮擦工具"会变成"平滑工具" ,释放 Alt 键又重新转换为"路径橡皮擦工具"。

五、连接工具

"连接工具"是用于连接路径锚点的,利用它可以将不闭合的路径转化为闭合路径。

第四节
实例——绘制简单的卡通形象

通过前面的学习,大家已经掌握了 Illustrator CC 中的一些基本操作。下面通过简单的实例——绘制卡通老虎形象(见图 3-53)来巩固一下所学。

具体操作步骤如下。

(1)新建一个 210 mm×297 mm 的文档,选择工具箱中的"钢笔工具" ,绘制一个图形,作为卡通老虎形象的主体,并填充颜色(参考颜色为 C=7%,M=9%,Y=87%,K=0%),将描边设置为无,效果如图 3-54 所示。

(2)使用"椭圆工具" 并按住 Shift 键绘制三个正圆形,调节大小,按照所需效果分别填充白色和黑色,按住 Alt+Shift 键水平复制,作为卡通老虎的眼睛,描边设置为无,效果如图 3-55 所示。

(3)使用"弧形工具"绘制卡通老虎形象高光部分,再使用"钢笔工具"绘制卡通形象的眼睫毛,效果如图 3-56 所示。

图 3-53　卡通老虎形象　　　　图 3-54　绘制图形　　　　图 3-55　绘制眼睛

(4)使用"椭圆工具"绘制椭圆,填充黑色,并按住 Shift 键绘制两个相交的正圆形,填充白色作为卡通老虎的鼻子和嘴巴,如图 3-57 所示。

(5)运用"直线段工具"以及"弧形工具"绘制老虎额头的图案和胡须,如图 3-58 所示。

图 3-56　绘制高光及眼睫毛　图 3-57　绘制老虎的鼻子和嘴巴　图 3-58　绘制老虎额头的图案和胡须

Adobe Illustrator Jichu yu Shixun Jiaocheng

第四章
选择与编辑图形

第一节
图形的选择

在 Illustrator CC 中有"选择工具" 、"直接选择工具" 、"编组选择工具" 、"魔棒工具" 和"套索工具" 等不同的选择工具,这些工具各有不同的用途。学习如何使用这些选择工具选择对象,对该软件初学者而言非常重要。

一、选择工具

在工具箱中单击"选择工具"按钮,单击页面上的图形对象,即可选择整个对象并进行移动。如果要取消对该对象的选择,在页面的空白处单击即可。

当对象被选择时,该对象的四周会出现边缘和定界框,如图 4-1 所示。

边缘:表示对象的路径标识。执行"视图"—"隐藏边缘"命令,可使当前选择的对象不显示边缘,如图 4-2 所示。

定界框:围绕在对象周围,带有 8 个小四方控制点的矩形框。直接拖拉控制点,可以改变对象的大小。执行"视图"—"隐藏定界框"命令,可使当前选择的对象不显示定界框,如图 4-3 所示。

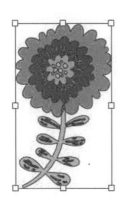 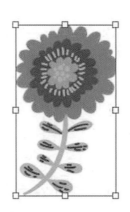 

图 4-1　选择对象　　　　　　图 4-2　隐藏边缘　　　　　　图 4-3　隐藏定界框

如果要选择多个对象,单击"选择工具"按钮,在需要选择的图形上,拖拉出一个矩形选择范围框,把要选取的对象置于框内,这样框内的对象都被选中。选中的多个对象只有一个定界框,它是包含所有选中对象的最小矩形框,可以通过拖拉定界框的控制点对框内所有的对象进行移动、缩放、旋转等操作。

另外,在选择对象过程中,按住 Shift 键,逐一单击页面上的图形对象,这样也可以选择多个对象。如果需要取消选择的部分对象,可以再次按住 Shift 键,单击已经被选择的对象,这样这部分对象的选择就被取消了。

二、直接选择工具

"直接选择工具" 的使用方法和"选择工具" 一样。但使用"直接选择工具" 可以从群组对象中直接选择任意对象,或从复合路径中直接选择任意对象。

选择"直接选择工具"后,鼠标光标在未被选定的对象或路径上时显示 ▶。

选择"直接选择工具"后,鼠标光标在选定的对象或路径上时显示 ▷。

选择"直接选择工具"后,鼠标光标在选定的路径上的锚点上时显示 ▷,可以拖动锚点上的控制手柄来改变图形的形状。

使用"直接选择工具"也可以通过在多个对象上拖拉出一个矩形选择范围框或配合 Shift 键逐一选择对象的方法来选择多个路径。选择路径后,可以通过观察路径上的锚点的显示状态来确定该点是否被选中。被选中的锚点显示为实心点,未被选中的锚点显示为空心点。

三、编组选择工具

"编组选择工具" ▷ 是一个功能强大的选择工具,使用它可以选择一个组内的任意对象,也可以选择一个复合组中的组。

图 4-4 所示为一个复合群组对象。每一个花朵图形都由花瓣路径群组组成,而 3 个花朵图形又编为一个组。从工具箱中选择"编组选择工具" ▷,并移动鼠标指针到页面中,鼠标指针右下角将出现一个加号。单击复合组对象上花瓣的路径,可选择该路径;释放鼠标后,再次单击该路径,可以选择该花朵群组;重新释放鼠标,再次单击该路径,则可以选择整个复合群组。

图 4-4　选择复合群组对象

四、魔棒工具

使用"魔棒工具" ▷ 可以选择具有相同颜色、描边、透明度等属性的同类矢量对象。

从工具箱中双击"魔棒工具"按钮 ▷,或执行"窗口"—"魔棒"命令,打开"魔棒"面板。在默认状态下,"魔棒"面板上只会显示"填充颜色"选项。这时,单击面板右上角的按钮 ▤,在弹出菜单中选择"显示描边选项"或"显示透明选项"可以调出描边的魔棒设置选项等,如图 4-5 所示。

在面板中,有"填充颜色""描边颜色""描边粗细"三种对象属性设置选项,选择所需要设置的属性的复选框,并在相应的"容差"文本框中设置数值。"容差"的数值越大,选取的偏移范围越大,可以选取到更多的对象。

设置"容差"后,按 Enter 键进行确定。然后,使用"魔棒工具"在图形上单击,可以直接选取与该图形有相似填充、笔画等属性的所有矢量对象。

图 4-5 调出描边设置选项等

五、套索工具

"套索工具" 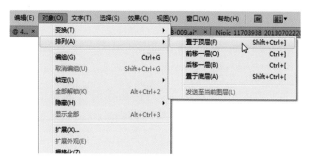 与"直接选择工具"的作用相同,都是用来选择对象的锚点或路径线段的。

单击工具箱中的"套索工具"按钮 ,按住鼠标左键并拖动鼠标,在对象上绘制一个封闭的区域,区域内的锚点将会被全部选中。

在使用"套索工具"时按住 Alt 键可以减少选取的对象;按住 Shift 键可以增加选取的对象。

添加选择:可按住 Shift 键(此时套索指针下方出现一个加号)并拖动鼠标进行加选。

取消当前所选部分路径或锚点:可按住 Alt 键(此时套索指针下方出现一个减号)并拖动鼠标进行减选。

第二节
图形的管理

一、对象排列

执行"对象"—"排列"下级菜单中的命令可对图形进行调整操作。

图形对象的排列包含 5 个命令:置于顶层、前移一层、后移一层、置于底层、发送至当前图层,如图 4-6 所示。

图 4-6 图形排列命令

二、对象编组、锁定与隐藏

（一）编组

通过编组可以把需要保持联系的系列图形对象组合在一起，编组后的多个图形则可以作为一个整体来进行修改或位置的移动等。Illustrator CC 中还可以将已有的组进行编组，从而创建嵌套编组。

选择需要组合的所有对象后，执行"对象"—"编组"命令，或按 Ctrl＋G 键，可将对象编组。

编组后的所有对象都会成为一个整体，对编组对象进行移动、复制、旋转等操作都会方便很多。对编组的对象进行填充、描边或不透明度调整时，群组中的每一个对象都会相应改变。如果需要选择群组中的部分对象，可以使用"编组选择工具" 直接选取。

如果要解散编组对象，选择编组后，执行"对象"—"取消编组"命令，或按 Shift＋Ctrl＋G 键即可取消对象编组。

（二）锁定

在绘制和处理比较复杂的图形时，为了不影响其他图形，可以使用"锁定"命令对其他图形加以保护。

对已执行"锁定"命令的对象，将不能进行任何编辑。

锁定图形的方法很简单，选择需要锁定的对象后，执行"对象"—"锁定"—"所选对象"命令，或按下 Ctrl＋2 键即可完成锁定操作。

除了可以锁定当前选择的对象，还可以锁定其他选择对象集。如图 4-7 所示，"锁定"命令扩展菜单还包括以下两个命令。

（1）上方所有图稿：选择该命令，将锁定页面中当前选择对象上方的所有图稿。

（2）其它图层：选择该命令，将锁定当前选择对象页面中其他图层中的所有对象。

如果要取消对象的锁定，执行"对象"—"全部解锁"命令，或按下 Alt＋Ctrl＋2 键即可。

（三）隐藏

在处理复杂图形时，除了锁定图形，还可以执行"隐藏"操作，把页面中暂时不需要操作的部分隐藏起来，易于观察和编辑当前显示的图形。

隐藏图形的方法和锁定图形的操作相似，选择需要隐藏的对象后，执行"对象"—"隐藏"—"所选对象"命令，或按下 Ctrl＋3 键即可完成隐藏操作。

另外，在"隐藏"扩展菜单中的命令和"锁定"扩展菜单命令是一样的，除了隐藏当前的对象，还可以隐藏所选对象的"上方所有图稿"或"其它图层"，如图 4-8 所示。

图 4-7　"锁定"扩展菜单　　　　　　　　　　图 4-8　"隐藏"扩展菜单

如果要取消对象的隐藏，执行"对象"—"显示全部"命令，或按下 Alt＋Ctrl＋3 键，将显示页面中的所有对象。

三、对齐与分布

Illustrator CC 中可快速地将多个对象按照一定的方式和顺序进行对齐和分布。

执行菜单命令"窗口"—"对齐",可打开"对齐"面板,如图 4-9 所示,面板上也可设置分布选项。

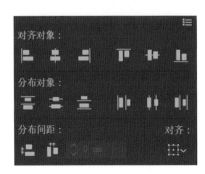

图 4-9　"对齐"面板

(1)选择"对齐对象"选项组中的按钮可以将选定的对象按一定的方式进行对齐,包括水平左对齐、水平居中对齐、水平右对齐、垂直顶对齐、垂直居中对齐和垂直底对齐。(见图 4-10)

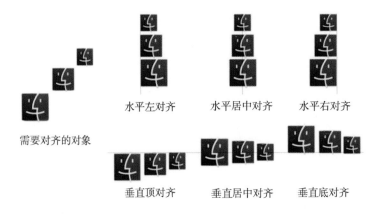

图 4-10　对齐对象

(2)选择"分布对象"选项组中的按钮可以使选定的对象进行垂直和水平分布,包括垂直顶分布、垂直居中分布、垂直底分布、水平左分布、水平居中分布和水平右分布。(见图 4-11)

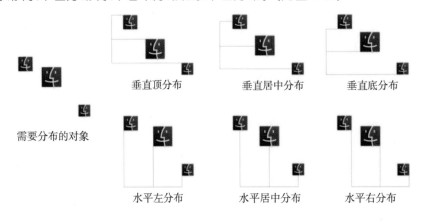

图 4-11　分布对象

第三节
图形的基本编辑

一、使用选择工具编辑图形

使用"选择工具"和"直接选择工具"不仅可以选取对象,还可以对图形进行基本的修改。

(一)选择工具

当使用"选择工具"▶选择对象时,该对象的四周一般会出现定界框,通过拖动定界框上的 8 个控制点可修改图形。

选择图形后,如图 4-12 所示,将鼠标指针放置在图形定界框 4 个中间控制点的任意一个上,使鼠标的指针变为图 4-13(a)所示的样式。这时,拖动鼠标即可以改变图形的长宽比例,如图 4-13(b)和图 4-13(c)所示。

在修改图形过程中,拖动鼠标的同时按住 Alt 键,则以定界框的中线为基准来改变图形的长宽比例。

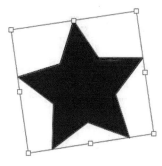

图 4-12　选择图形

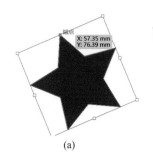 

(a)　　　　　　　　　(b)　　　　　　　　　(c)

图 4-13　拖动控制点修改图形的长宽比例

如果将鼠标指针放置在图形定界框 4 个对角控制点的任意一个上,使鼠标的指针变为↖,拖动鼠标即可以定界框的对角线为基准点对图形进行缩放。如果拖动鼠标指针的同时按住 Alt 键,则以定界框的中心点为基准来对图形进行缩放。

拖动对角控制点的同时按住 Shift 键,则以对角线为基准来规则缩放图形,修改后的图形的长宽比例不变。

如果将鼠标指针放置在定界框任意一个对角控制点的周围,使鼠标的指针变为↰,这时拖动鼠标即对图形进行旋转。

如果拖动鼠标的同时按住 Shift 键,则系统强制旋转角度每次为 45°。

(二)直接选择工具

使用"直接选择工具"可以直接选取和修改对象的局部,无论对象是否被编组。

使用"直接选择工具"选择图形的边框,如图 4-14(a)所示。这时,图形所有的锚点都显示为空心,表示没有被选中。

　　使用"直接选择工具"选择图形的锚点,如图 4-14(b)所示。这时,图形中被选中的锚点显示为实心点,未被选中的锚点显示为空心点。然后,按下鼠标拖动该锚点,可以改变图形的形状,如图 4-14(c)所示。

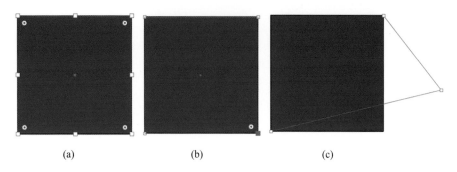

(a)　　　　　　　　　　(b)　　　　　　　　　　(c)

图 4-14　使用"直接选择工具"编辑图形

二、图形的基本变换

(一)旋转对象

　　"旋转工具"主要用来旋转图形对象,它与利用定界框旋转图形效果相似,但利用定界框旋转图形是按照所选图形的中心点来旋转的,中心点是固定的,而使用"旋转工具"不但可以以所选图形的中心点为中心来旋转图形,还可以自行设置所选图形的旋转中心,使旋转更具灵活性。

　　利用"旋转工具"不但可以对所选图形进行旋转,还可以只旋转图形对象的填充图案;旋转的同时还可以利用辅助键来完成复制。

　　执行菜单栏中的"对象"—"变换"—"旋转"命令,将打开图 4-15 所示的"旋转"对话框,在该对话框中可以设置旋转的相关参数。

　　在工具箱中双击"旋转工具"按钮，或选择"旋转工具"并按住 Alt 键在文档中单击,也可以打开"旋转"对话框。

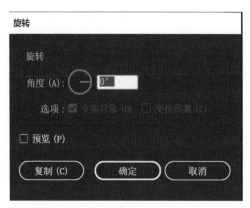

图 4-15　"旋转"对话框

　　"旋转"对话框中各选项的含义如下。

　　角度:指定图形对象旋转的角度,取值范围为$-360°\sim360°$。如果输入负值,将按顺时针方向旋转图形对象;如果输入正值,将按逆时针方向旋转图形对象。

选项:设置旋转的目标对象。勾选"变换对象"复选框,表示旋转图形对象;勾选"变换图案"复选框,表示旋转图形中的图案填充。

复制:单击该按钮,将按所选参数复制出一个旋转图形对象。

1. 使用"旋转工具"旋转对象的不同情况

利用"旋转工具"旋转图形分为两种情况:一种是以所选图形的中心点为旋转中心旋转图形;另一种是自行设置旋转中心旋转图形。下面详细介绍这两种操作方法。

(1)利用"旋转工具"可以以所选图形对象的默认中心点为旋转中心进行旋转操作,首先选择要旋转的图形对象,然后在工具箱中选择"旋转工具" 🔄 ,将光标移动到文档中的任意位置按住鼠标拖动,即可以所选图形对象的中心点为旋转中心旋转图形对象。旋转效果如图 4-16 所示。

(2)首先选择要旋转的图形对象,然后在工具箱中选择"旋转工具" 🔄 ,在文档中的适当位置单击,可以看到在单击处出现了一个中心点标志 ✛ ,此时的光标也变化为 ▶ 状,按住拖动鼠标,图形对象将以刚才单击点为中心旋转图形对象。自行设置旋转中心旋转效果如图 4-17 所示。

图 4-16　以图形中心点为旋转中心旋转　　　　　图 4-17　自行设置旋转中心旋转

2. 旋转并复制对象

首先选择要旋转的图形对象,然后在工具箱中选择"旋转工具" 🔄 ,在文档中的适当位置单击,可以看到在单击处出现一个中心点标志 ✛ ,此时的光标也变化为 ▶ 状,按住 Alt 键的同时拖动鼠标,可以看到此时的光标显示为 ▶ 状,到达合适的位置后释放鼠标,即可旋转并复制出一个相同的图形对象。按 Ctrl+D 组合键,可以按原旋转角度再次复制出一个相同的图形,多次按 Ctrl+D 组合键,可以复制出多个图形对象。旋转并复制图形对象效果如图 4-18 所示。

图 4-18　旋转并复制图形对象效果

3. 旋转图案

在旋转时还可以对图形的旋转目标对象进行修改,比如是旋转图形对象还是旋转图形图案。图 4-19 所示的分别为原始图片、勾选"变换对象"复选框的旋转效果以及勾选"变换对象"和"变换图案"复选框的旋转效果。

(二)镜像对象

镜像也叫反射,在制图中比较常用,一般用来制作对称图形和倒影。对于对称的图形或倒影,重复绘制不但会带来大的工作量,而且绘制出来的图形也可能不与原图形完全相同,这时就可以应用"镜像工具"

或"镜像"命令来轻松完成图像的镜像翻转效果和对称效果制作。

1. 使用菜单命令镜像

执行菜单栏中的"对象"—"变换"—"对称"命令,将打开图 4-20 所示的"镜像"对话框,利用该对话框可以设置镜像的相关参数。在"轴"选项组中选择"水平"单选按钮,表示图形以水平轴线为基础进行镜像,即图形进行上下镜像;选择"垂直"单选按钮,表示图形以垂直轴线为基础进行镜像,即图形进行左右镜像;选择"角度"单选按钮,可以在右侧的文本框中输入一个角度值,取值范围为−360°~360°,指定镜像参考轴与水平线的夹角,以参考轴为基础进行镜像。

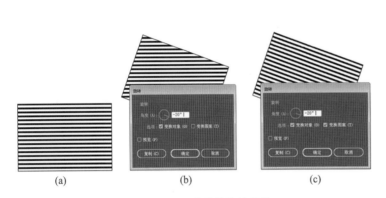

图 4-19　不同选项的旋转效果

图 4-20　"镜像"对话框

2. 使用"镜像工具"反射对象

利用"镜像工具"反射图形也可以分为两种情况:一种是以所选图形的中心点为中心镜像图形;另一种是自行设置镜像中心反射图形。操作方法与"旋转工具"的操作方法相同。

下面介绍自行设置镜像中心反射图形。首先选择图形,然后在工具箱中选择"镜像工具",将光标移动到合适的位置并单击,确定镜像中心点,按住 Alt 键的同时拖动鼠标,拖动到合适的位置后释放鼠标,松开 Alt 键,即可镜像复制一个图形,如图 4-21 所示。

图 4-21　镜像复制图形

(三)缩放对象

"比例缩放工具"和"缩放"命令主要用于对选择的图形对象进行放大或缩小操作,可以缩放整个图形对象,也可以缩放对象的填充图案。

1. "缩放"菜单命令

执行菜单栏中的"对象"—"变换"—"缩放"命令,将打开图 4-22 所示的"比例缩放"对话框,在该对话框中可以对缩放进行详细设置。

"比例缩放"对话框中各选项的含义如下。

等比:选择该单选按钮后,在文本框中输入数值,可以对所选图形进行等比例缩放操作。当值大于100％时,放大图形;当值小于100％时,缩小图形。

不等比:选择该单选按钮后,可以分别在"水平"或"垂直"文本框中输入不同的数值,用来缩放图形的长度和宽度。

比例缩放描边和效果:勾选该复选框,将对图形的描边粗细和图形的效果进行缩放操作。图4-23所示的分别为原图、勾选"比例缩放描边和效果"复选框并等比缩小50％的效果以及不勾选"比例缩放描边和效果"复选框并缩小50％的效果。

图4-22　"比例缩放"对话框

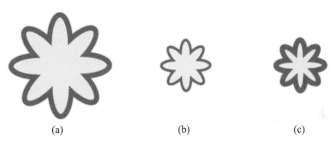

(a) (b) (c)

图4-23　勾选与不勾选"比例缩放描边和效果"复选框的效果对比

2. 使用"比例缩放工具"缩放对象

使用"比例缩放工具"也可以分为两种情况缩放图形:一种是以所选图形的中心点为中心缩放图形;另一种是自行设置缩放中心缩放图形。操作方法与"旋转工具"的操作方法相同。

下面介绍自行设置缩放中心来缩放图形。首先选择图形,然后在工具箱中选择"比例缩放工具" ,光标将变为 状,将光标移动到合适的位置并单击,确定缩放的中心点,此时光标将变成 状,按住鼠标向外或向内拖动,缩放到满意大小后释放鼠标,即可将所选对象放大或缩小,如图4-24所示。

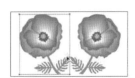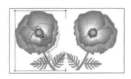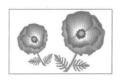

图4-24　使用"比例缩放工具"缩放图形

在使用"比例缩放工具"缩放图形时,按住Alt键可以复制一个缩放对象;按住Shift键可以进行等比例缩放。如果按住Alt键单击可以打开"比例缩放"对话框。

(四)倾斜变换

使用"倾斜"命令或"倾斜工具"可以使图形对象倾斜,如制作平行四边形、菱形、包装盒等效果。倾斜变换在制作立体效果时经常使用。

1."倾斜"菜单命令

执行菜单栏中的"对象"—"变换"—"倾斜"命令,可以打开图 4-25 所示的"倾斜"对话框,在该对话框中可以对倾斜进行详细设置。

"倾斜"对话框中各选项的含义如下。

倾斜角度:设置图形对象与倾斜参考轴之间的夹角大小,取值范围为－360°～360°。其参考轴可以在"轴"选项组中指定。

轴:选择倾斜的参考轴。选择"水平"单选按钮,表示参考轴为水平方向;选择"垂直"单选按钮,表示参考轴为垂直方向;选择"角度"单选按钮,可以在右侧的文本框中输入角度值,以设置不同角度的参考轴效果。

图 4-25 "倾斜"对话框

2. 使用"倾斜工具"倾斜对象

使用"倾斜工具"也可以分为两种情况倾斜图形,操作方法与"旋转工具"的操作方法相同,这里不再赘述。

下面介绍自行设置倾斜中心来倾斜图形。首先选择图形,然后在工具箱中选择"倾斜工具" ,光标将变为✛状,将光标移动到合适的位置并单击,确定倾斜点,此时鼠标将变成▶状,按住鼠标拖动到合适的位置后释放鼠标,即可将所选对象倾斜,如图 4-26 所示。

图 4-26 倾斜图形

使用"倾斜工具"倾斜图形时,按住 Alt 键可以按倾斜角度复制出一个倾斜的图形对象。

(五)分别变换

"分别变换"命令集合了缩放、移动、旋转和镜像等多个变换命令的功能,可以同时应用这些功能。选中要进行变换的图形对象,执行菜单栏中的"对象"—"变换"—"分别变换"命令,将打开图 4-27 所示的"分别变换"对话框,在该对话框中可以设置需要的变换效果。该对话框中的选项与前面介绍过的相关选项用法相同,只要输入数值或拖动滑块来修改参数,就可以应用相关的变换了。

按 Alt＋Shift＋Ctrl＋D 组合键,可以快速打开"分别变换"对话框。

(六)再次变换

在应用过相关的变换命令后,比如应用了一次旋转,需要重复进行相同的变换操作多次,这时可以执行菜单栏中的"对象"—"变换"—"再次变换"命令来重复进行变换。

按 Ctrl＋D 组合键,可以重复执行与前一次相同的变换。这里要重点注意的是,执行"再次变换"命令所实现的是刚应用的变换,即执行完一个变换命令后,立即使用该命令,会再次执行刚才的变换命令。

(七) 自由变换

"自由变换工具" 是一个综合性的变形工具,可以对图形对象进行移动、旋转、缩放、扭曲和透视变形。

选择工具箱中的"自由变换工具" ,确认选中对象的时候会弹出一个工具栏,如图 4-28 所示。工具栏中的工具依次为"限制" 、"自由变换" 、"透视扭曲" 、"自由扭曲" 。利用"自由变换工具"中的"自由变换"功能对图形进行移动、旋转和缩放的用法与使用"选择工具"直接利用定界框变形的方法相同。不同的是,选择"限制"和"自由变换"时,会对对象等比例进行移动、旋转和缩放,具体的操作方法可参考前面的"选择工具"的内容。

下面重点介绍"自由变换工具"中的"透视扭曲" 和"自由扭曲" 。

1. 透视扭曲

首先使用"选择工具" 选择要进行扭曲变形的图形对象,然后选择工具箱中的"自由变换工具" ,在弹出的工具栏中选择"透视扭曲" ,将光标移动到左上角的控制点上,可以看到此时的光标显示为 状,拖动鼠标即可透视扭曲图形。透视扭曲操作的效果如图 4-29 所示。

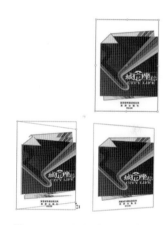

图 4-27 "分别变换"对话框　　　图 4-28 "自由变换工具"工具栏　　图 4-29 透视扭曲操作的效果

2. 自由扭曲

首先使用"选择工具" 选择要进行扭曲变形的图形对象,然后选择工具箱中的"自由变换工具" ,在弹出的工具栏中选择"自由扭曲" ,这里将光标移动到右下角的控制点上,可以看到此时的光标显示为 状,上、下或左、右拖动鼠标即可自由扭曲图形。自由扭曲操作的效果如图 4-30 所示。

图 4-30 自由扭曲操作的效果

第四节
实例——绘制图标

(1)新建一个尺寸为 800 px×600 px 的画板,然后使用"矩形工具"▦在画板中绘制一个矩形,并设置"宽度"为 800 px、"高度"为 600 px,填充灰色(R=242,G=242,B=242),"描边"设置为无,最后使其相对于画板进行"水平居中对齐"▦和"垂直居中对齐"▦,如图 4-31 所示。

(2)使用"圆角矩形工具"▢,在画板中绘制一个圆角矩形,并设置"宽度"为 400 px、"高度"为 100 px、"圆角半径"为 20 px,填充浅灰色(R=244,G=244,B=244),"描边"设置为无,然后将其相对于画板进行"水平居中对齐"▦和"垂直居中对齐"▦,接着选中相关图层并进行锁定🔒,如图 4-32 所示。

图 4-31 创建矩形

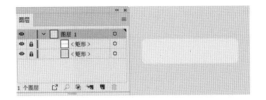

图 4-32 创建圆角矩形并锁定图层

(3)使用"Shaper 工具"✐在圆角矩形中绘制一个等腰三角形,然后选中该图形并在控制栏中设置"宽度"为 30 px、"高度"为 20 px,接着选中三角形的顶点,并在控制栏中设置"圆角半径"为 5 px,最后选中三角形并在控制栏中设置描边粗细为 2 pt,如图 4-33 所示。

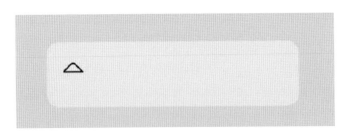

图 4-33 绘制等腰三角形并设置圆角及描边

(4)使用"Shaper 工具"✐绘制一个矩形,选中该矩形并在控制栏中调整"宽度"为 30 px、"高度"为 20 px,同时选中矩形下半部分的两个锚点,在控制栏中设置"圆角半径"为 5 px,接着选中矩形并在控制栏中设置描边粗细为 2 pt,最后使用"Shaper 工具"✐将矩形和三角形进行合并,如图 4-34 所示。

(5)按住 Shift 键并使用"直线段工具"╱绘制一条水平直线段,选中该直线段并在控制栏中设置"宽度"为 10 px、描边粗细为 2 pt,然后将其相对于步骤(4)创建的图形进行"垂直居中对齐",最后将绘制好的图形

图 4-34　合并矩形和三角形

进行编组并设置"填色"为无,完成"首页"图标的绘制,如图 4-35 所示。

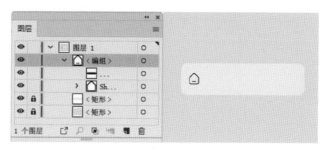

图 4-35　"首页"图标绘制完成

(6)使用"Shaper 工具"在步骤(2)创建的图形中绘制一个圆,选中该圆并在控制栏中设置"宽度"为 25 px、"高度"为 25 px、描边粗细为 2 pt,然后按住 Shift 键并使用"直线段工具"绘制一条倾斜的直线段,接着选中该直线段并在控制栏中设置"宽度"为 10 px、描边粗细为 2 pt,最后将绘制好的图形进行编组并设置"填色"为无,完成"搜索"图标的绘制,如图 4-36 所示。

图 4-36　"搜索"图标绘制完成

(7)使用"Shaper 工具"在步骤(2)创建的图形中绘制一个矩形,选中该矩形并在控制栏中设置"宽度"为 30 px、"高度"为 16 px、"圆角半径"为 2 px、描边粗细为 2 pt,然后将刚刚绘制的矩形复制一份。选中复制得到的矩形并在控制栏中设置"宽度"为 26 px、"高度"为 16 px,接着选中矩形下半部分的两个锚点,在控制栏中设置"圆角半径"为 5 px,并适当调整这两个矩形的位置,如图 4-37 所示。

图 4-37　绘制矩形并设置、调整

(8)按住 Shift 键并使用"直线段工具"在步骤(7)创建的图形中绘制一条直线段,选中该直线段并在控制栏中设置"宽度"为 10 px、描边粗细为 2 pt,然后将其相对于步骤(7)中绘制好的图形进行"垂直居中对齐",最后将图标进行编组,并设置"填色"为无,完成"商店"图标的绘制,如图 4-38 所示。

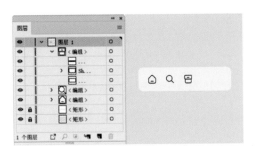

图 4-38　"商店"图标绘制完成

(9)使用"Shaper 工具"绘制一个圆,选中该圆并在控制栏中设置"宽度"为 15 px、"高度"为 15 px、描边粗细为 2 pt,将该图形复制一份,选中复制得到的图形并在控制栏中设置"宽度"为 30 px、"高度"为 30 px,效果如图 4-39 所示。

图 4-39　绘制圆并设置、复制

(10)使用"Shaper 工具" 在步骤(2)创建的图形中绘制一个矩形,然后将矩形的上边缘放置在步骤(9)绘制的大圆圆心所在的水平线上,再使用"Shaper 工具" 切除大圆的下半部分和矩形的多余部分,接着将绘制好的图标进行编组,并设置"填色"为无,完成"用户"图标的绘制,如图 4-40 所示。

(11)适当地调整各个图标的位置,然后选中这些图标并进行"水平居中对齐"和"水平居中分布",接着对它们进行编组,同时在"图层"面板中将步骤(2)绘制的圆角矩形解锁,并将图标编组相对于圆角矩形进行"水平居中对齐"和"垂直居中对齐"。最终效果如图 4-41 所示。

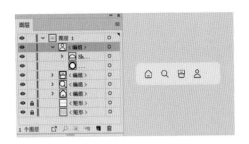

图 4-40　"用户"图标绘制完成

图 4-41　最终效果

Adobe Illustrator Jichu yu Shixun Jiaocheng

第五章
创建与编辑路径

第一节
路径的认识

　　路径是由两个或多个锚点形成的矢量线条,在两个锚点之间会形成一条线段,在一条路径中可能包含多个直线段和曲线段。通过调整路径中锚点的位置以及控制手柄的方向、长度,可以调整路径的形态,因此可以说,使用路径工具可以绘制出任意形态的图形。基本的路径结构示意如图5-1所示。

　　在编辑矢量图形时,经常要通过编辑锚点来进行操作。锚点分为以下四种。

　　(1)边角型锚点:该锚点的两侧无控制手柄,锚点的两侧的线条曲率为0,表现为直线,如图5-2所示。

　　(2)平滑型锚点:该锚点两侧有两个控制手柄,锚点的两侧的线条以一定的曲率平滑地在该锚点处连接,如图5-3所示。

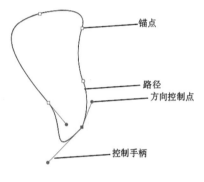

图 5-1　基本的路径结构示意

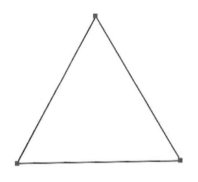

图 5-2　边角型锚点

　　(3)曲线型锚点:该锚点两侧有两个控制手柄,但相互独立,单个控制手柄调整的时候,不会影响到另一个控制手柄,如图5-4所示。

　　(4)复合型锚点:该锚点两侧只有一个控制手柄,常是一段直线和一条曲线相交后产生的锚点,如图5-5所示。

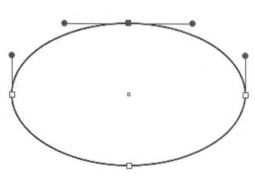

图 5-3　平滑型锚点

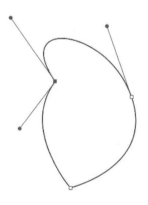

图 5-4　曲线型锚点

使用"钢笔工具" ✐ 可以创建闭合式路径和开放式路径。闭合式路径是连续不断的,没有始末之分,一般见于图形的绘制中,如图 5-6 所示;开放式路径的两端有两个位置不重合的锚点,常见于曲线和线段的绘制中,如图 5-7 所示。

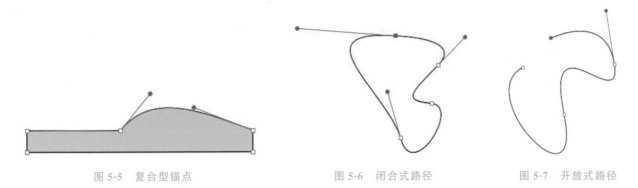

图 5-5　复合型锚点　　　　　　　　图 5-6　闭合式路径　　　　　　　图 5-7　开放式路径

将不同的锚点和路径组合在一起,再对不同的路径应用不同的填色和不同粗细的描边,可以得到复杂的艺术图形。

第二节
路径的建立

绘制路径通常使用"钢笔工具" ✐ 和"铅笔工具" ✐。用"铅笔工具"绘制路径的方式相对自由,绘制的图形具有一定的随意性。相对而言,用"钢笔工具"绘制的图形比较准确,因此它是 Illustrator CC 最基本和重要的矢量绘图工具,使用它可以绘制直线、曲线和任意形状的图形。

一、创建路径

使用"钢笔工具" ✐ 创建路径的方法很简单。在工具箱中选择"钢笔工具" ✐ 后,在页面上单击,可以生成直线、曲线等多种路径。

在使用"钢笔工具" ✐ 时,按住 Shift 键可以绘制出水平或垂直的直线路径。用鼠标单击页面,生成的是边角型锚点;按下鼠标后拖动,能生成平滑型锚点。拖动鼠标时,拖动的长短和方向直接影响到相邻锚点之间的曲率。

要结束正在绘制的开放式路径,可以再次单击"钢笔工具"图标 ✐,或按住 Ctrl 键来结束绘制。绘制闭合式路径时,将鼠标指针放置在路径的起点位置,鼠标指针显示为 ✐。,这时单击鼠标即可将路径闭合并结束绘制。另外,使用"钢笔工具" ✐ 还可以连接开放式路径。首先在页面中选中两个开放式路径的锚点,单击工具箱中的"钢笔工具" ✐,然后在其中一个锚点上单击,再把鼠标指针放置到另一个锚点上,当鼠标指针显示为 ✐。时,单击鼠标即可连接路径。

锚点是路径的基本元素,通过对锚点的调整可以改变路径的形状。在平滑型锚点上可以通过拖动控制手柄上的方向控制点来改变曲线路径的曲率和凹凸的方向。控制手柄越长,曲线的曲率越大,如图 5-8

所示。

在绘制路径时,很难一步到位,经常需要调节锚点的数量和类型。这时,需要用到增加、删除和转换锚点的工具。

二、新增锚点

在工具箱中单击"添加锚点工具"按钮,将鼠标指针移动到路径上单击鼠标,这时系统将在鼠标单击的位置添加一个新锚点,如图 5-9 所示。在直线路径上增加的锚点是边角型锚点,在曲线路径上增加的锚点是平滑型锚点。

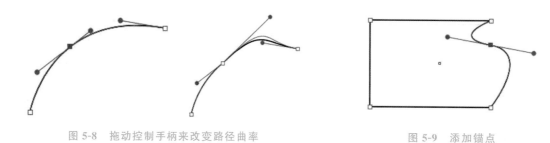

图 5-8　拖动控制手柄来改变路径曲率　　　　图 5-9　添加锚点

如果需要在路径上添加大量锚点,执行"对象"—"路径"—"添加锚点"命令,系统会自动在路径的每两个锚点之间添加一个锚点。

三、删除锚点

使用"删除锚点工具"可以删除路径上的锚点。首先在工具箱中单击"删除锚点工具"按钮,将鼠标指针移动到需要删除的锚点(见图 5-10)上单击鼠标,这时系统将删除该锚点。删除锚点后,图形的路径会发生改变,如图 5-11 所示。

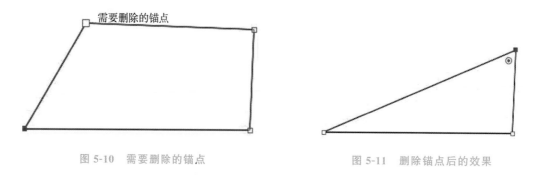

图 5-10　需要删除的锚点　　　　图 5-11　删除锚点后的效果

四、转换锚点

使用"锚点工具"可以使路径的边角型锚点和平滑型锚点相互转换,从而改变路径的形状。

选择需要转换类型的边角型锚点后,使用"锚点工具"在该锚点上按下鼠标并进行拖动,这时该锚点转换为平滑型锚点,锚点的两侧产生控制手柄,如图 5-12 所示,通过拖动控制手柄可改变路径的曲率和凹凸的方向。

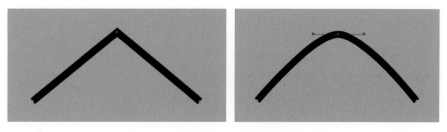

图 5-12　边角型锚点转换为平滑型锚点

如果要将平滑型锚点转换为边角型锚点,使用"锚点工具" 在平滑型锚点上单击即可,如图 5-13 所示。转换为边角型锚点后,图形的路径将发生改变。

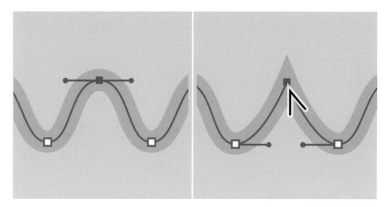

图 5-13　平滑型锚点转换为边角型锚点

第三节
路径的编辑

在绘制复杂的路径时,往往不能从一开始就精确地完成需要绘制的对象轮廓,而是要使用其他工具和命令进行编辑,最终达到所需的效果。Illustrator CC 中有多种编辑路径的工具和命令,在第四章中讲到的"直接选择工具" ,就可以用来单独选择路径的锚点进行拖动,从而改变路径的形状。在本节中,将会详细介绍其他的一些高级路径编辑工具和命令。

一、使用工具编辑路径

(一)整形工具

使用"整形工具" 可以轻松地改变对象的形状。首先使用"直接选择工具" 选择路径线段,单击工具箱中的"整形工具"按钮 ,然后在路径上单击并拖动鼠标,使路径发生变形,如图 5-14 所示。当"整形工具"被选中时,在路径上单击将在路径上添加一个平滑型锚点。

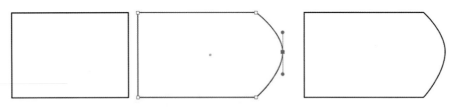

图 5-14　使用"整形工具"改变路径形状

(二)剪刀工具

使用"剪刀工具" ✂ 可以将路径剪开。

首先选择路径,单击工具箱中的"剪刀工具"按钮 ✂,然后将鼠标指针移至页面上,鼠标指针变为 ✛ 光标。如果在锚点上单击鼠标,将添加一个新的锚点重叠在原锚点上;如果在路径上单击,将添加两个新的重叠锚点,同时新添加的锚点显示为被选取状态。使用"直接选择工具" ▶ 拖动新添加的锚点即可观察到路径被剪开的效果,如图 5-15 所示。

(三)"刻刀"工具

使用"刻刀"工具 ✐ 可以在对象上作不规则线条,从而进行任意分割。

首先选择对象,单击工具箱中的"刻刀"工具按钮 ✐,然后在对象上拖动鼠标画出切割线条,如图 5-16 所示。切割完成后,可以看到"刻刀"工具在对象上面分割出新的路径,如图 5-17 所示。使用"直接选择工具" ▶ 拖动部分路径即可观察到路径被分割的效果,如图 5-18 所示。

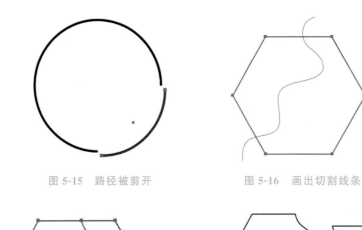

图 5-15　路径被剪开　　　　　图 5-16　画出切割线条

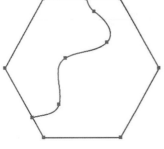
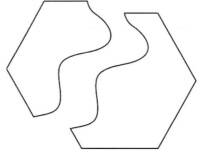

图 5-17　产生新的路径　　　　　图 5-18　分割效果

如果在切割过程中,按住 Alt 键,将以直线的方式切割对象;按住 Shift＋Alt 键,将以水平、垂直或 45°方向直线来切割对象。

(四)橡皮擦工具

使用"橡皮擦工具" 可以擦除图稿的任何区域,而不管图稿的结构如何。擦除对象包括普通路径、复合路径、"实时上色"组内的路径和剪贴路径等。

使用"橡皮擦工具"首先需要选择擦除对象。如果未选定任何内容,"橡皮擦工具"将抹除画板上的所有对象。若要抹除特定对象,可以在隔离模式下选择或打开这些对象。确定擦除对象后,选择工具箱中的"橡皮擦工具",在要抹除的区域上拖动,橡皮擦经过的区域将被抹除。对图 5-19 所示原图像使用"橡皮擦工具"的效果如图 5-20 所示。

选择"橡皮擦工具"后,在工作区中按住 Alt 键拖出一个选框,则该选框区域内的所有对象将被擦除。若要将选框限制为正方形,拖动时可按住 Shift＋Alt 组合键,效果如图 5-21 所示。

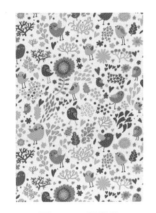
图 5-19　原图像

图 5-20　橡皮擦擦除效果

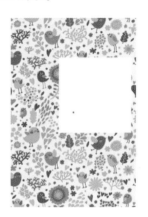
图 5-21　擦除正方形选框区域

除此之外,在擦除对象过程中,还可以随时更改橡皮擦的擦除直径,按]键可增加直径,按[键可减少直径;如果按住 Shift 键,可以沿垂直、水平或对角线方向限制"橡皮擦工具"擦除光标的走向。

双击"橡皮擦工具"按钮,可打开"橡皮擦工具选项"对话框,如图 5-22 所示。在该对话框中,可以更改"橡皮擦工具"的默认选项,具体选项如下。

大小:该选项数值可以确定"橡皮擦工具"擦除光标的直径。拖动"大小"滑块,或在"大小"文本框中输入一个值,都可以设置该直径。

除此之外,对话框中每个选项右侧的弹出列表还可控制工具的形状变化,其中包括以下 7 个选项。

(1)固定:该选项表示使用固定的角度、圆度或直径。

(2)随机:该选项表示角度、圆度或直径随机变化。在"变化"文本框中输入一个值,可以指定画笔特征的变化范围。例如,"大小"值为 15 pt、"变化"值为 5 pt 时,直径可能是 10 pt 或 20 pt,或是其间的任意数值。

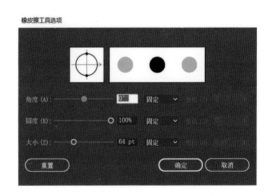
图 5-22　"橡皮擦工具选项"对话框

(3)压力:该选项表示角度、圆度或直径会根据绘画光笔的压力发生变化。有图形输入板时才能使用该选项。压力越小,画笔描边越尖锐。

(4)光笔轮:该选项表示直径会根据光笔轮的操作发生变化。

(5)倾斜:该选项表示角度、圆度或直径会根据绘画光笔的倾斜发生变化。具有可以检测钢笔倾斜方向的图形输入板时才能使用此选项。

（6）方位：该选项表示角度、圆度或直径会根据绘画光笔的方位发生变化。具有可以检测钢笔垂直程度的图形输入板时才能使用此选项。

（7）旋转：该选项表示角度、圆度或直径会根据绘画光笔笔尖的旋转程度发生变化。具有可以检测这种旋转类型的图形输入板时才能使用此选项。

二、在路径查找器中编辑路径

路径查找器是一个带有强大路径编辑功能的面板，该面板可以帮助用户方便地组合、分离和细化对象的路径。执行"窗口"—"路径查找器"命令或按下 Shift＋Ctrl＋F9 键，即可打开该面板，如图 5-23 所示。

"路径查找器"面板提供 10 种不同的路径编辑功能，其中，可以分为"形状模式""路径查找器"两类路径运算命令。

（一）联集

单击"联集"按钮，可以使两个或两个以上的重叠对象合并为具有同一轮廓线的一个对象，并将重叠的部分删除。几个不同颜色的形状区域进行联集操作后，新产生的颜色将和原来重叠时在最上层的对象的颜色相同。

图 5-23 "路径查找器"面板

如图 5-24（a）所示，同时选中两个不同颜色的图形，单击"路径查找器"面板中的"联集"按钮，将两个不同颜色的图形合并为一个对象。合并后的对象颜色和合并前最上层的圆颜色相同，如图 5-24（b）所示。

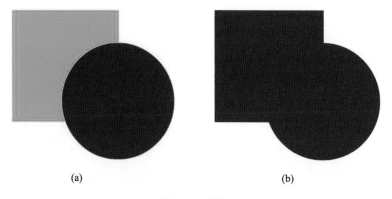

（a）   （b）

图 5-24 联集

（二）减去顶层

单击"减去顶层"按钮，可以使两个重叠对象相减，位于顶层的路径将被删除，新产生的颜色将和原来重叠时在底层的对象的颜色相同。如图 5-25（a）所示，同时选择两个图形，单击"减去顶层"按钮，效果如图 5-25（b）所示。

（三）交集

单击"交集"按钮，也可以使两个重叠对象相减，但重叠的区域会被保留，不重叠的区域将被删除。同样，选择图 5-26（a）所示的两个图形，按住 Alt 键，单击"交集"按钮，效果如图 5-26（b）所示。新产生的路径颜色将和原顶层对象的颜色相同。

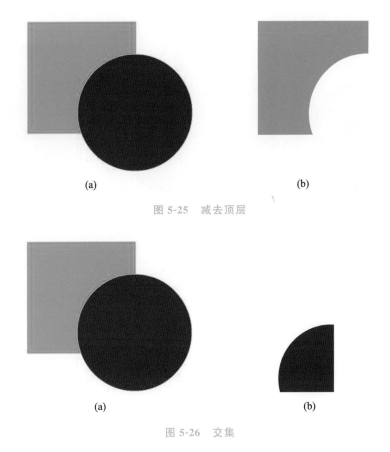

(a)   (b)

图 5-25   减去顶层

(a)   (b)

图 5-26   交集

（四）差集

单击"差集"按钮 ⬚，可以使两个重叠对象保留不相交的区域，重叠的区域将被删除。选择图 5-27（a）所示的两个图形，单击"差集"按钮 ⬚，效果如图 5-27（b）所示。新产生的路径颜色将和原顶层对象的颜色相同。

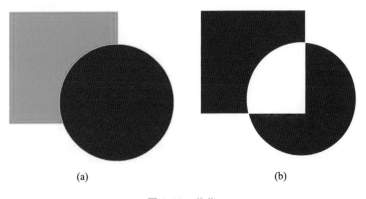

(a)   (b)

图 5-27   差集

（五）分割

单击"分割"按钮 ⬚，可以使所选择路径的重叠对象按照边界进行分割，最后形成一个路径的群组。解组后，可以对单独的路径进行编辑修改。

选择图 5-28（a）所示的两个图形，单击"分割"按钮，分割两个图形重叠的区域，如图 5-28（b）所示。然后，执行"对象"—"取消编组"命令，将分割后的群组解散。这时，拖动路径即可观察到路径被分割的效果，如图 5-28(c)所示。

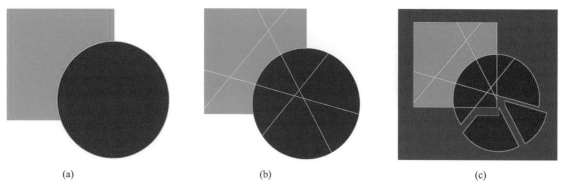

(a)   (b)   (c)

图 5-28 分割

(六)修边

单击"修边"按钮▣,可以使两个或多个重叠对象相减并进行分割,形成一个路径的群组。重叠区域中,排列在下层的区域将被删除,保留排列在顶层的路径。

同样选择图 5-29(a)所示的两个图形,单击"修边"按钮▣,分割两个图形重叠的区域,并将排列在下层的区域删除。这时,将修边后产生的群组取消编组,拖动路径即可观察到路径被分割和删除的效果,如图 5-29(b)所示。

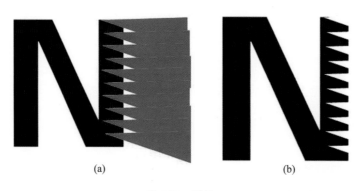

(a)   (b)

图 5-29 修边

(七)合并

单击"合并"按钮▣,可以使重叠对象颜色相同的重叠区域合并为一个图形,形成一个路径的群组,而重叠区域中颜色不同的部分则被删除。

选择图 5-30(a)所示的两个不同颜色的图形,单击"合并"按钮▣,使对象路径合并为一个群组。执行"取消编组"命令后,可编辑单独的路径,不同颜色的重叠部分被删除,效果如图 5-30(b)所示。

(八)裁剪

单击"裁剪"按钮▣,可以使重叠对象相减并进行分割,形成一个路径的群组。重叠区域的底层路径会保留,其余的区域将会被删除。新产生的路径颜色将和底层对象的颜色相同。

选择图 5-31(a)所示的图形和背景图,单击"裁剪"按钮▣。这时,底层的背景图未重叠的区域被删除,只保留和顶层图形重叠的区域,效果如图 5-31(b)所示。

图 5-30 合并

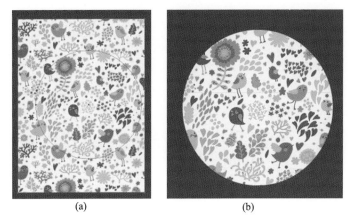

图 5-31 裁剪

(九)轮廓

单击"轮廓"按钮 ▣,可以使重叠的对象分割并转换为编组的轮廓线。

选择图 5-32(a)和图 5-32(b)所示的图形,单击"轮廓"按钮 ▣,将图形进行分割并转换为编组的轮廓线。执行"取消编组"命令后,分别拖动轮廓线,可以看到分割后的轮廓线为开放式路径,如图 5-32(c)所示。

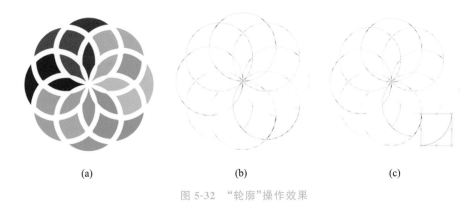

(a)　　　　　　　　(b)　　　　　　　　(c)

图 5-32 "轮廓"操作效果

(十)减去后方对象

"减去后方对象"效果是,用最前面的图形减去它后面的所有图形,保留最前面图形的非重叠部分及描边和填充颜色。

选择图 5-33(a)所示的两个图形,单击"减去后方对象"按钮 ▣。这时,后方的星形对象被删除,圆形和星形的重叠区域也被删除,效果如图 5-33(b)所示。

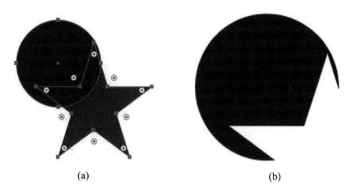

(a)　　　　　　　　　(b)

图 5-33　减去后方对象

三、使用"路径"菜单命令编辑路径

除了前面介绍的基本路径操作,Illustrator CC 还提供了很多编辑路径的高级命令,比如"连接""平均"等。执行"对象"—"路径"命令,即可看到"路径"的扩展菜单命令,如图 5-34 所示。

(一)连接

使用"连接"命令可以将当前选中的、分别处于两条开放式路径末端的锚点合并为一个锚点。具体操作步骤如下。

(1)使用"直接选择工具" ⃕,选取开放式路径末端的两个锚点。

(2)执行"对象"—"路径"—"连接"命令,被分离的两个锚点互相连接,开放式路径转换为封闭式路径。

使用"连接"命令还可以合并重叠的两个锚点。若使用"直接选择工具" ⃕将路径末端的其中一个锚点拖动到另一个末端锚点上,实际上,这两个重叠的锚点并没有连接在一起,路径也仍然保持为开放类型路径。

那么,如何将重叠的两个锚点合并呢?具体操作步骤如下。

①使用"直接选择工具" ⃕拖拉出一个选择框,选取重叠的两个锚点。

②执行"对象"—"路径"—"连接"命令。

③在控制面板上选择将锚点合并为边角型锚点或平滑型锚点,如图 5-35 所示。选定后,两个重叠的锚点合并为一个锚点,开放式路径转换为闭合式路径。

另外,也可以在选择重叠的锚点后,按住 Alt 键,再执行"连接"命令。

连接(J)	Ctrl+J
平均(V)...	Alt+Ctrl+J
轮廓化描边(U)	
偏移路径(O)...	
反转路径方向(E)	
简化(M)...	
添加锚点(A)	
移去锚点(R)	
分割下方对象(D)	
分割为网格(S)...	
清理(C)	

图 5-34　"路径"的扩展菜单命令　　　图 5-35　选择合并后锚点类型

（二）平均

使用"平均"命令可以将所选择的多个锚点以平均位置来排列。

执行"对象"—"路径"—"平均"命令，会弹出"平均"对话框，如图 5-36 所示。在该对话框中，用户可以设置平均放置锚点的方向。各选项含义如下。

水平：选择该选项可以使被选择的锚点在水平方向上平均并对齐放置。

垂直：选择该选项可以使被选择的锚点在垂直方向上平均并对齐放置。

两者兼有：选择该选项可以使被选择的锚点在水平和垂直方向上平均并对齐放置，锚点将移至同一个点上。

例如，创建图 5-37 所示的两个图形，并使用"直接选择工具"通过框选的方法同时选中这两个图形末端的锚点。选中这两个锚点后，执行"对象"—"路径"—"平均"命令。在弹出的"平均"对话框中分别试验三种"轴"选项的不同效果，如图 5-38 至图 5-40 所示。

图 5-36　"平均"对话框

图 5-37　创建图形并选中锚点

图 5-38　"水平"效果

图 5-39　"垂直"效果

图 5-40　"两者兼有"效果

（三）轮廓化描边

使用"轮廓化描边"命令可以跟踪所选路径的轮廓，并将描边转换为封闭式路径。下面通过一个实例来介绍"轮廓化描边"命令的应用。

（1）使用"星形工具"在页面上绘制一个五角星。

（2）执行"窗口"—"描边"命令，打开"描边"面板，如图 5-41 所示。在该面板中，设置五角星的描边"粗细"为 30 pt。这时效果如图 5-42 所示。

（3）执行"对象"—"路径"—"轮廓化描边"命令，将五角星的描边转换为封闭式路径，效果如图 5-43 所示。

（4）选择描边转换出的新路径，执行"窗口"—"色板"命令，打开"色板"面板。在该面板中，选择渐变色板中的"颜色组合"填色。这时，路径呈现渐变填色效果，如图 5-44 所示。

图 5-41 "描边"面板

图 5-42 设置描边粗细后的效果

图 5-43 轮廓化描边效果

图 5-44 渐变填色效果

(四)偏移路径

使用"偏移路径"命令可以将路径向内或向外偏移一定距离,并复制出一个新的路径。

执行"对象"—"路径"—"偏移路径"命令,将弹出"偏移路径"对话框,如图 5-45 所示。在该对话框中,用户可以设置位移选项参数。各选项含义如下。

位移:该选项数值可以控制路径的偏移量。数值为正值,路径向外偏移;数值为负值,路径向内偏移。

连接:在该选项下拉列表中可以选择转角的连接方式,包括"斜接""圆角""斜角"。

斜接限制:该选项数值可以限制斜角的突出程度。

(五)简化

使用"简化"命令可以控制锚点的数量,从而改变路径的形状。

执行"对象"—"路径"—"简化"命令,会弹出"简化"对话框,如图 5-46 所示。在该对话框中,各选项含义如下。

简化曲线:该选项的数值用来确定简化程度,数值越小表示曲线的简化程度越高。

角点角度阈值:该选项的数值用来确定角度的平滑度。如果转角的角度低于该数值,转角的锚点将不会被改变。

转换为直线:选择该选项可以使曲线路径都转换为直线路径。

显示原始路径:选择该选项可以在操作中显示原路径,从而产生对比效果。

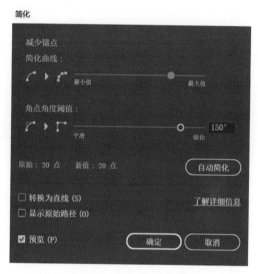

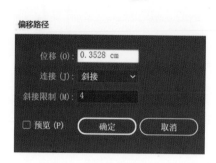

图 5-45   "偏移路径"对话框

图 5-46   "简化"对话框

四、使用"封套扭曲"命令编辑路径

使用"封套扭曲"命令可以将对象应用到另一个形状中,并依照该形状而变形,产生意想不到的变形效果。

(一)用变形建立封套扭曲

使用"用变形建立"命令,可以通过调节 Illustrator CC 预设的变形样式来对当前选择的对象进行理想的扭曲变形。下面通过实例来介绍该命令的使用方法和步骤。

(1)用"矩形工具"█绘制一个矩形,如图 5-47 所示。

(2)执行"对象"—"封套扭曲"—"用变形建立"命令,打开"变形选项"对话框。

在该对话框中,设置"样式"为"凸出",凸出的方向为"水平","弯曲"选项设置为 50%,水平扭曲和垂直扭曲选项的数值都为 0%,即保持默认数值,如图 5-48 所示。

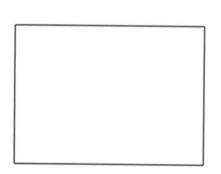

图 5-47   绘制矩形

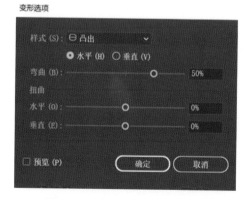

图 5-48   "变形选项"对话框设置

(3)选择"预览"复选框,可以看到矩形的水平方向的边(底边和顶边)产生规则的凸出变形,如图 5-49 所示。

(4)在"变形选项"对话框中,其他选项的数值不变,调整凸出方向为"垂直"。这时,矩形的垂直方向的边(左侧边和右侧边)产生规则的凸出变形,如图 5-50 所示。

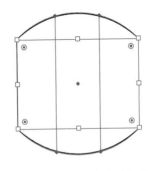

图 5-49　水平凸出变形效果

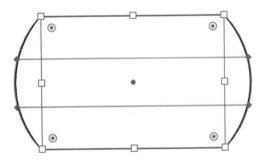

图 5-50　垂直凸出变形效果

(5)调整"变形选项"对话框中的选项,调整"弯曲"选项的数值为 0%,水平扭曲选项的数值为 50%。这时,矩形的水平方向的边(底边和顶边)发生扭曲变形,如图 5-51 所示。

(6)调整水平扭曲选项的数值为 0%,垂直扭曲选项的数值为 50%。这时矩形的垂直方向的边(左侧边和右侧边)发生扭曲变形,如图 5-52 所示。

图 5-51　水平扭曲变形效果

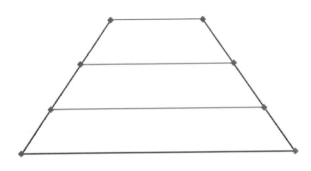

图 5-52　垂直扭曲变形效果

(7)确定变形效果后,单击"确定"按钮退出对话框。

通过这个实例,我们可以了解到水平弯曲、垂直弯曲、水平扭曲、垂直扭曲的效果。

在"变形选项"对话框中,单击"样式"选项的下拉箭头,弹出下拉列表。在列表中有很多 Illustrator CC 预设的样式可供调用,如图 5-53 所示,选择不同的样式,并根据需要设置弯曲度、扭曲等数值,可以实现多种变形效果。

(二)用网格建立封套扭曲

建立封套扭曲除了可使用预设的变形功能,还可自定义网格来修改图形。首先选择要变形的对象,然后执行菜单栏中的"对象"—"封套扭曲"—"用网格建立"命令,打开图 5-54 所示的"封套网格"对话框,在该对话框中可以设置网格的"行数"和"列数",以添加变形网格效果。

在"封套网格"对话框中设置合适的行数和列数后,单击"确定"按钮,即可为所选图形对象创建一个网格状的变形封套效果。可以利用"直接选择工具"▷像调整路径那样调整封套网格,同时修改一个网格点,也可以选择多个网格点进行修改。

使用"直接选择工具"▷选择要修改的网格点,然后将光标移动到选中的网格点上,按住鼠标拖动网格点,即可对图形对象进行变形。利用网格变形效果如图 5-55 所示。

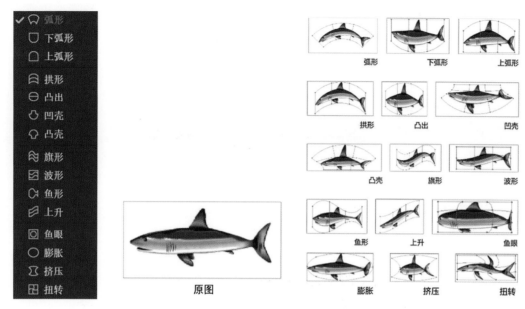

图 5-53　变形样式及其效果

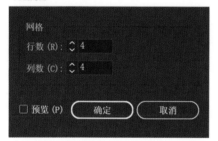

图 5-54　"封套网格"对话框

图 5-55　利用网格变形效果

(三)用顶层对象建立封套扭曲

使用"用顶层对象建立"命令可以将选择的图形对象以该对象上方的路径形状为基础进行变形。首先在要扭曲变形的图形对象的上方根据需要绘制一个路径作为封套变形的参照物;然后选择要变形的图形对象及路径参照物,执行菜单栏中的"对象"—"封套扭曲"—"用顶层对象建立"命令,即可将选择的图形对象以其上方的形状为基础进行变形。变形效果如图 5-56 所示。

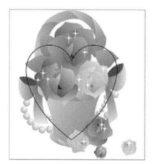

图 5-56　用顶层对象建立封套扭曲效果

使用"用顶层对象建立"命令创建扭曲变形后,如果对变形的效果不满意,还可以通过执行菜单栏中的"对象"—"封套扭曲"—"释放"命令还原图形。

第四节
实例——绘制太极图形

本实例主要运用"钢笔工具"进行绘制,涉及图形路径编辑的具体方法。要绘制的太极图形如图5-57所示。

(1)启动 Illustrator CC 软件,新建一个 210 mm×297 mm 的画布,打开标尺显示,按住鼠标左键不松开,拖曳参考线至所需位置。运用"椭圆工具",按住 Alt＋Shift 键从中心绘制正圆,如图5-58 所示。

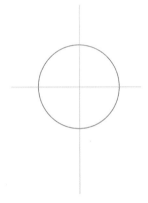

图 5-57　太极图形　　　　　　　图 5-58　绘制正圆

(2)运用"比例缩放工具" ,得到一个小圆,然后选中小圆,按住 Alt 键不放,拖动鼠标,把小圆复制一份,再分别进行垂直上对齐、垂直下对齐、水平居中对齐,如图5-59 所示。

(3)运用"矩形工具" ,沿着圆的竖直中心线绘制矩形,如图5-60 所示。

(4)运用"选择工具" 选中大圆和矩形,执行"窗口"—"路径查找器"—"减去顶层"命令,效果如图5-61所示。

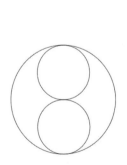

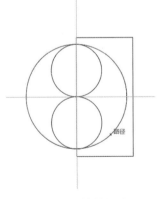

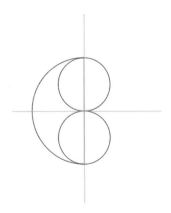

图 5-59　复制小圆并对齐　　　图 5-60　绘制矩形　　　图 5-61　减去顶层效果

(5)选中下方小圆,执行"对象"—"排列"—"置于顶层",选中下方小圆和底层大半圆,在"路径查找器"面板中单击"减去顶层"按钮,效果如图 5-62 所示。

(6)单击"选择工具"按钮▶,选中剩余的图形,在"路径查找器"面板中单击"联集"按钮,效果如图 5-63 所示。

(7)使用"选择工具"▶选中图形,单击"旋转工具"按钮◐,按住 Alt 键不松开,单击鼠标左键,出现"旋转"对话框,将"角度"设置为 180°,如图 5-64 所示。效果如图 5-65 所示。

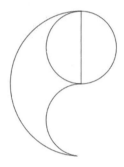

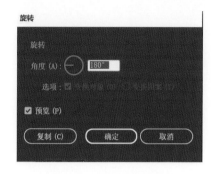

图 5-62 再次减去顶层   图 5-63 联集效果   图 5-64 "旋转"对话框设置

(8)分别选中图形的两半,填充黑色和白色;选择"椭圆工具"◯,按住 Alt＋Shift 键绘制正圆并填色。最终效果如图 5-66 所示。

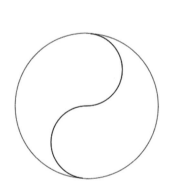

图 5-65 太极轮廓线   图 5-66 最终效果

Adobe Illustrator Jichu yu Shixun Jiaocheng

第六章
图形的填充与混合

第一节
单 色 填 充

在 Illustrator CC 中,可通过在"颜色""色板""渐变"面板中设置相关颜色参数来为矢量图形填充颜色。其中,单色填充常使用"颜色"面板和"色板"面板。

一、"颜色"面板

执行"窗口"—"颜色"命令,可打开"颜色"面板,如图 6-1 所示。单击面板右上角的面板选项按钮,弹出的快捷菜单中包含"隐藏(显示)选项""反相""补色""创建新色板"命令,以及各种颜色模式,如图 6-2 所示。

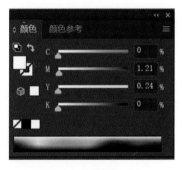

图 6-1　"颜色"面板　　　　　图 6-2　"颜色"面板选项菜单

默认的颜色模式为 RGB 模式,这也是填充颜色时应用最多的一种模式。RGB 模式下的"颜色"面板如图 6-3 所示。

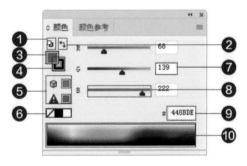

图 6-3　RGB 模式下的"颜色"面板

面板参数说明如下。

①"默认填色和描边"按钮:单击该按钮,可以切换填充颜色和描边的默认值。

②"互换填色和描边"按钮:单击该按钮,可以交换填充颜色和描边设置的数值。

③"填色"按钮:默认状态下,该按钮位于上方,处于选中状态,可以调整颜色参数,设置颜色值。双击该

按钮即可弹出"拾色器"对话框。

④"描边"按钮：单击该按钮，将其选中，使其位于上方，即可设置描边颜色值。双击该按钮，同样可打开"拾色器"对话框。

⑤"超出 Web 颜色警告"按钮：若所设置的颜色值超出 Web 颜色范围，则会显示 按钮，单击其右色块即可校正颜色；若所设置的颜色值超出所选颜色模式的色域，则会显示 按钮，单击其右色块即可校正颜色。

⑥"快速定义颜色"按钮：包括"无""黑色""白色"三个按钮，单击任意一个即可设置为相应的颜色。

⑦颜色值文本框：可以在文本框中输入对应的颜色值。

⑧颜色值滑块：可以通过滑动滑块设置对应颜色值。

⑨十六进制颜色值文本框：可以在文本框中直接输入 RGB 数值。在 CMYK 模式下不存在此文本框。

⑩色谱：将鼠标指针移至此处，其变成吸管状态，在任意颜色处单击即可将颜色吸取，颜色值也随之变化。

在"颜色"面板菜单中选择的颜色模式只是改变颜色的调整方式，不会改变图像的颜色模式。若要更改图像的颜色模式，可执行"文件"—"文档颜色模式"下拉菜单中的命令来进行更改。

二、"色板"面板

"色板"面板中提供了 Illustrator CC 预设的颜色、渐变和图案，这些统称为"色板"。单击任一色板，即可将其应用到所选对象的颜色或描边中。也可将自定义的颜色、渐变或绘制的图案存储至"色板"面板中，方便下次使用。执行"窗口"—"色板"命令，可打开"色板"面板，如图 6-4 所示。

"色板"面板常用图标参数说明如下。

"无"色板 ：单击该按钮，可以删除图形的颜色和描边设置。

"套版色"色板 ：利用它可将填充或描边的图形从 PostScript 打印机进行分色打印。例如，套准标记使用"套版色"色板，印刷时可以在打印机上精准对齐。该色板是 Illustrator CC 内置色板，不能删除。

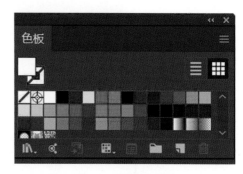

图 6-4 "色板"面板

"色板库"菜单 ：单击该按钮，可以在打开的下拉菜单中选择一个色板库。

"色板类型"菜单 ：单击该按钮，可以在打开的下拉菜单中选择在面板中显示"颜色""渐变""图案"或"颜色组"。

"色板选项"按钮 ：单击该按钮，可以打开"色板选项"对话框。当选中"图案"色板时，该按钮名称为"编辑图案"，单击即可对图案进行编辑。

"新建颜色组"按钮 ：按住 Ctrl 键单击多个色板，再单击该按钮，可以将它们创建到一个颜色组中。

"新建色板"按钮 ：单击该按钮，在弹出的"新建色板"对话框中可以设置创建新色板的参数。在"颜色类型"下拉列表中包括"印刷色"和"专色"选项，也可以勾选"全局色"复选框定义新色板为全局色色板。

"删除色板"按钮 ：选择一个色板，再单击该按钮，可以将其删除。

第二节
渐 变 填 充

使用 Illustrator CC 中的渐变填充功能可以在任何颜色之间创建平滑的颜色过渡效果。

Illustrator CC 提供了大量预设的渐变库,用户也可以将自定义渐变存储为色板,便于将渐变应用到多个对象上。灵活地掌握并运用渐变效果,可以让我们更加方便快捷地表现出对象的空间感和体积感,使作品效果更加丰富。

一、创建渐变填充

Illustrator CC 中的渐变填充功能可以为所选图形填充两种或者多种颜色,并且使各颜色之间产生平滑过渡效果。在为所选对象进行渐变填充时,可使用工具箱中的"渐变工具" █ 进行填充,还可以在"渐变"面板中调整渐变参数。

使用"选择工具" ▷ 单击选中一个对象,如图 6-5 所示,然后单击工具面板底部的"渐变工具"按钮 █,即可为其填充默认的黑白线性渐变,如图 6-6 所示。

图 6-5　选中图形对象　　　　　　　图 6-6　默认的黑白渐变填充效果

执行"窗口"—"渐变"命令即可打开"渐变"面板,在"渐变"面板中可以为对象选择渐变填充或渐变描边的类型并设置相应的参数,如图 6-7 所示。

"渐变"面板中各参数介绍如下。

①渐变填充框:可以预览当前设置的渐变颜色,单击即可为所选对象进行渐变填充。

②渐变菜单按钮:单击该按钮,可以在打开的下拉菜单中选择一个预设的渐变,如图 6-8 所示。

③类型:单击右侧的下拉按钮,可以在打开的下拉列表中选择渐变类型,包括"线性"和"径向"选项。

④"反向渐变"按钮:单击该按钮,可以将所设置的填充颜色顺序翻转。

⑤"描边"选项:"描边"选项中的三个按钮只有在使用渐变色对路径进行描边时才会显示出来。若单击

这三个按钮,可以分别(从左至右)在描边中应用渐变、沿描边应用渐变和跨描边应用渐变。

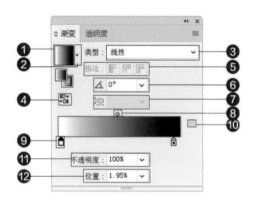

图 6-7 "渐变"面板　　　　　　　　　　图 6-8 渐变菜单

⑥"角度"选项 ◢:用来设置线性渐变的角度,可以单击右侧的 ⌄ 按钮,在打开的下拉列表中选择预设的角度,也可以在文本框中输入指定的数值。

⑦"长宽比"选项 ⚲:该选项只有在填充"径向"渐变时才会显示出来,用来设置数值以创建椭圆渐变。可以单击右侧的 ⌄ 按钮,在弹出的下拉列表中选择预设的长宽比例,也可以在文本框中输入指定的数值,同时可以在"角度"文本框中设置数值旋转椭圆。

⑧滑块中点:相邻的两个滑块之间会自动创建一个中点,用来定义相邻滑块之间颜色的混合位置。

⑨渐变滑块:用来设置渐变颜色和颜色混合位置。

⑩"删除色标"按钮:单击选中一个滑块,然后单击 🗑 按钮,可以将所选颜色滑块删除。

⑪"不透明度"选项:单击选中一个滑块,该选项即可显示,在文本框中设置"不透明度"值,可以使颜色呈现半透明或不透明效果。

⑫"位置"选项:单击选中一个滑块,该选项即可显示,用来定义滑块的位置。

二、打开渐变库面板

使用"选择工具"单击选中一个对象,为其执行"窗口"—"色板"命令,打开"色板"面板。单击"色板"面板底部的"色板库"菜单按钮▣,打开下拉菜单,选择"渐变"选项,在"渐变"下拉菜单中包含了各种预设的渐变库。选择其中一个渐变库,即可打开一个单独的面板,如图 6-9 所示,在该面板中单击任意渐变色板,可对所选对象应用该渐变。

(一)调整渐变效果

"渐变工具"▣拥有"渐变"面板中的大部分功能,在工具箱中单击"渐变工具"按钮▣或按快捷键 G,即可切换到"渐变工具"为对象添加或编辑渐变。

使用"选择工具"单击选中一个对象,以图 6-10 所示对象为例。在"渐变"面板中定义要使用的渐变色,再使用"渐变工具"▣从要应用渐变的开始位置,拖曳鼠标至渐变的结束位置,然后释放鼠标即可应用渐变,如图 6-11 所示。

图 6-9　渐变库面板

图 6-10　图形对象

图 6-11　应用渐变

1. 调整线性渐变

在"渐变"面板中设置渐变类型为"线性"。此时"渐变批注者"左侧的圆形图标代表渐变的原点,拖曳它即可水平移动"渐变批注者",从而调整渐变效果,如图 6-12 所示。拖曳"渐变批注者"右侧的方形图标可以调整渐变的半径,如图 6-13 所示。

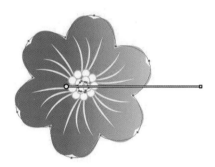

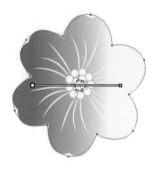

图 6-12　水平移动"渐变批注者"　　　　　图 6-13　调整渐变半径

若将鼠标指针移至"渐变批注者"右侧的方形图标外,鼠标指针将呈现 ↻ 状,此时按住鼠标左键并拖曳可以旋转"渐变批注者",从而调整渐变效果,如图 6-14 和图 6-15 所示。

图 6-14　旋转"渐变批注者"　　　　　图 6-15　调整渐变效果

2. 调整径向渐变

在"渐变"面板中设置渐变类型为"径向",效果如图 6-16 所示。将鼠标指针移至"渐变批注者"上方,则会显示一个圆形的虚线选框,此时"渐变批注者"左侧的圆形图标代表渐变的原点,拖曳它即可移动"渐变批注者",从而调整渐变效果,如图 6-17 所示。

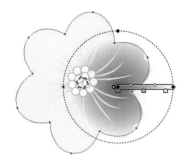

图 6-16　径向渐变效果　　　　　图 6-17　移动"渐变批注者",调整渐变效果

拖曳圆形选框左侧的圆形图标可以调整渐变的覆盖半径,如图 6-18 所示。拖曳圆形选框中间的空心圆形图标,可以同时调整渐变的原点和方向,如图 6-19 所示。

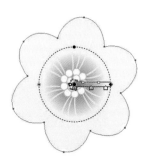

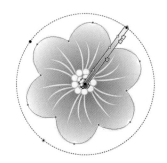

图 6-18　调整渐变的覆盖半径　　　图 6-19　同时调整渐变的原点和方向

(二)网格渐变填充

使用渐变网格工具可以在一个图形内创建多个渐变点,能产生多个渐变方向。

渐变网格是指在作用图形或者图像上利用命令或工具形成的网格。利用这些网格,可以对图形进行多个方向和多种颜色的渐变填充,即网格渐变填充,如图 6-20 所示。

一个图形创建后,网格点之间的区域称为网格面片,相关参数如图 6-21 所示。可以用更改网格点颜色的方法来更改网格面片的颜色。

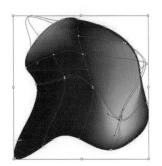

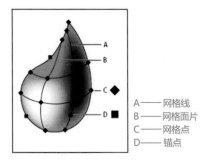

A——网格线
B——网格面片
C——网格点
D——锚点

图 6-20　网格渐变填充　　　　图 6-21　渐变网格参数

1. 使用"网格工具"创建

使用"钢笔工具" ✐ 绘制一个形状,然后选中工具箱中的"网格工具" 图,单击形状,即可创建渐变网格;使用"直接选择工具" ▶ 选中锚点,再打开"颜色"面板修改填充颜色即可进行网格渐变填充。

2. 使用菜单命令创建

使用"选择工具"选中一个对象,执行"对象"—"创建渐变网格"命令,会弹出"创建渐变网格"对话框,如图 6-22 所示。在该对话框中可以设置网格的"行数""列数""外观"等参数,设置完成后单击"确定"按钮即可创建网格,然后为网格填充颜色。

图 6-22　"创建渐变网格"对话框

该对话框中的各选项意义如下:

行数/列数:用来设置水平和垂直网格线的数量,范围为 1~50。

外观:用来设置高光的位置和创建方式。选择"平淡色",不会创建高光;选择"至中心",可在对象中心创建高光;选择"至边缘",可在对象边缘创建高光。

高光:用来设置高光的强度。该值为 100% 时,将以最大的白色高光应用于对象;该值为 0% 时,不会应用白色高光。

第三节
图 案 填 充

图案填充是指运用大量重复图案,以拼贴的方式填充对象内部或者边缘,使对象呈现更丰富的视觉效果。Illustrator CC 中提供了很多预设图案,用户在"色板"面板和色板库中可以选择需要的预设图案。同时,用户还可以创建自定义图案进行填充,创造更加完美的作品。

一、填充预设图案

为对象应用图案填充效果,首先应打开相应的图案库,选择预设或者自定义的图案,再将图案应用到对象的填色或者描边中。

(一)图案库面板

执行"窗口"—"色板库"—"图案"命令,在展开的菜单中选择相应的选项,如图 6-23 所示,即可打开对应的图案库面板,如图 6-24 所示。

(二)变换图案

在为对象填充图案之后,可以使用"选择工具"、"旋转工具" 、"镜像工具" 、"比例缩放工具" 和"倾斜工具"等为对象与图案进行变换操作,也可以单独变换图案。

(三)调整图案位置

在为对象填充图案之后,可以使用标尺工具精确定义图案的起始位置。首先按快捷组合键 Ctrl + R 显示标尺,再执行"视图"—"标尺"—"更改为全局标尺"菜单命令,打开全局标尺,如图 6-25 所示。

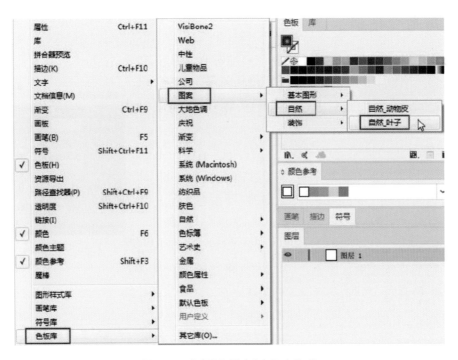

图 6-23　选择"色板库"中相应选项

执行"视图"—"标尺"—"更改为全局标尺"菜单命令时,如果出现的是"视图"—"标尺"—"更改为画板标尺"命令,则表示此时全局标尺为打开状态。

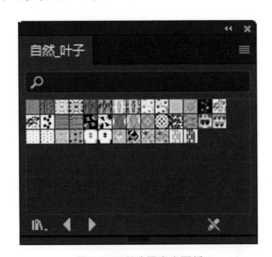

图 6-24　所选图案库面板

图 6-25　打开全局标尺

二、创建图案色板

在 Illustrator CC 中不仅可以使用预设的图案样式,还可以创建新的图案色板。

选中需要定义为图案色板的图形或者位图,以图 6-26 所示的图形为例,执行"对象"—"图案"—"建立"命令,打开"图案选项"面板,如图 6-27 所示,在该面板中设置对应的参数,即可创建和编辑图案。

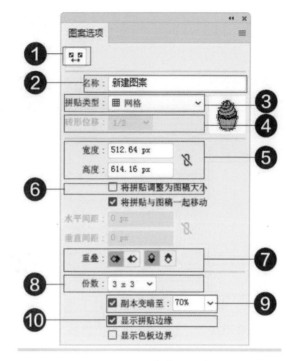

图 6-26　图形　　　　　　　图 6-27　"图案选项"面板

"图案选项"面板中各参数说明如下。

①图案拼贴工具:单击该工具按钮后,选中的基本图案周围会出现定界框,如图 6-28 所示,拖动定界框上的控制点可以调整拼贴间距,如图 6-29 所示。

图 6-28　选中基本图案　　　　　　图 6-29　调整拼贴间距

②名称:可以为自定义的图案命名。

③拼贴类型:打开下拉菜单可以选择图案的拼贴方式。

④砖形位移:当"拼贴类型"选择"砖形"时,该选项才会显示可用,用户可以在下拉菜单中设置图形的位移距离。

⑤宽度/高度:可以调整拼贴图案的宽度和高度。单击文本框后面的按钮,即可进行等比例缩放操作。

⑥将拼贴调整为图稿大小:若勾选该复选框,可以将拼贴调整到与所选图形相同的大小。如果要设置拼贴间距的精确数值,可勾选该复选框,然后在"水平间距"和"垂直间距"选项中输入具体数值。

⑦重叠：若"水平间距"和"垂直间距"为负值，则在拼贴时图案会产生重叠，单击"重叠"选项中的按钮，可以设置重叠方式。可以设置4种组合方式，包括"左侧在前" 、"右侧在前" 、"顶部在前" 、"底部在前" 。

⑧份数：可以设置拼贴数量，包括"3×3""5×5""7×7"等选项。

⑨副本变暗至：可以设置图案副本的显示程度，该值越大，副本显示越明显。

⑩显示拼贴边缘：勾选该复选框，可以显示基本图案的边界框；取消勾选，则隐藏边界框。

第四节
实 时 上 色

实时上色是指通过路径将图形分割成多个区域，对每一个区域上色，对每一段路径描边，这是Illustrator CC 中的一种特殊的上色方式，能对矢量图形进行快速、准确、便捷、直观的上色。

一、关于实时上色

实时上色是一种较为直观的上色方式，它与通常的上色工具不同。当路径将图形分割成几个区域时，使用普通的填充手段只能对某个对象进行填充，而使用实时上色工具可以自动检测并填充路径相交的区域。

"实时上色工具"按钮 和"实时上色选择工具"按钮 位于侧边工具栏中的形状生成器工具组中，如图 6-30 所示。

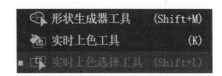

图 6-30　形状生成器工具组

双击"实时上色工具"按钮 或者"实时上色选择工具"按钮 ，将弹出对应的工具选项对话框，如图 6-31 所示，在对话框中可以对实时上色的选项以及显示进行相应的设置。

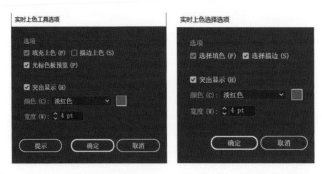

图 6-31　"实时上色工具选项"对话框和"实时上色选择选项"对话框

"实时上色工具选项"和"实时上色选择选项"对话框中各选项的含义如下。

①"填充上色"复选框：对实时上色组中的各区域上色。

②"描边上色"复选框：对实时上色组中的各边缘上色。

③"光标色板预览"复选框：从"色板"面板中选择颜色时显示，勾选该选项，实时上色工具光标会显示 3 种颜色色板，即选定的填充或描边颜色以及"色板"面板中紧靠该颜色左侧和右侧的颜色，按键盘中的左右方向键可以切换为相邻的颜色。

④"突出显示"复选框：勾画出光标当前所在区域或边缘的轮廓，用粗线突出显示表面，细线突出显示边缘。

⑤"颜色"：设置突出显示线的颜色。可以从菜单中选择颜色，也可以单击上色色板以指定颜色。

⑥"宽度"：指定突出显示轮廓线的粗细。

二、创建实时上色组

同时选中多个图形后，执行"对象"—"实时上色"—"建立"命令，即可创建实时上色组，所选对象会自动编组。在实时上色组中，可以为边缘和表面上色。此处"边缘"是指一条路径与其他路径交叉之后处于交点之间的路径，"表面"是指一条边缘或多条边缘所围成的区域。边缘可以描边，表面可以填充上色。

使用"选择工具" 选中需要创建实时上色组的所有对象，执行"对象"—"实时上色"—"建立"命令，创建实时上色组，如图 6-32 所示。使用"实时上色工具" 可为对象各部分上色，如图 6-33 所示。若执行"对象"—"实时上色"—"释放"命令，即可将实时上色效果释放，回到原始状态。

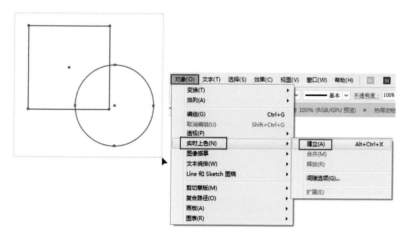

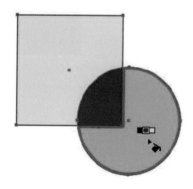

图 6-32　建立实时上色组　　　　　　　　图 6-33　使用"实时上色工具"上色

三、编辑实时上色组

在实时上色组中，除了可以移动、旋转、删除、编辑路径之外，还可以进行添加新路径、合并、释放、调整间隙、扩展等操作。

(一)合并实时上色组

在创建了一个实时上色组之后，可以在其中添加新的路径，生成新的表面和边缘，然后再对其进行编辑。

(二)封闭实时上色组间隙

实时上色组中的间隙是路径与路径之间未交叉而留下的小空间，若图稿中存在间隙，如图 6-34 所示，在填充颜色的过程中将无法将颜色填充到指定的区域,在存在间隙的路径处,颜色会溢出到相邻的区域,如图6-35所示。

图6-34　图稿中存在间隙　　　　图6-35　颜色溢出到相邻区域

　　针对上述情况,可以按快捷组合键Ctrl+A全选对象,执行"对象"—"实时上色"—"间隙选项"命令,打开"间隙选项"对话框,如图6-36所示,在"上色停止在"选项中选择"大间隙",即可将画面中路径间的间隙封闭起来,如图6-37所示。

图6-36　"间隙选项"对话框　　　　图6-37　封闭路径间隙

　　此时,使用"实时上色工具"为对象填色,颜色不会再溢出,如图6-38所示。

图6-38　使用"实时上色工具"填色时颜色不溢出

(三)扩展实时上色组间隙

　　选择实时上色组,如图6-39所示,执行"对象"—"实时上色"—"扩展"命令,可以将上色扩展为多个普通图形,然后使用"直接选择工具"▶或者"编组选择工具"▶选择其中的图形进行编辑。图6-40所示的是将实时上色组中所选图形进行扩展并移除后的效果。

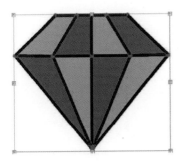
图 6-39　选择实时上色组

图 6-40　扩展实时上色组间隙效果

第五节
图形的混合

　　在 Illustrator CC 中可通过混合两个不同的对象直接创建多个形状并均匀地分布它们。用于混合的形状可以相同，也可以不同。可混合两条非闭合路径，从而在两个对象之间创建平滑的颜色过渡；还可同时混合颜色和对象，以创建一系列颜色和形状过渡的对象。（见图 6-41）

在两个相同的形状之间混合

在两个形状相同但颜色不同的对象
之间混合

在两个颜色和形状都不同的对象之间混合

沿路径混合

两条描边线条之间的平滑颜色混合

图 6-41　Illustrator CC 中的图形混合示意

　　Illustrator CC 中"对象"—"混合"子菜单中的命令大大增强了其混合功能，这些命令包括"建立""释放""混合选项""扩展""替换混合轴""反向混合轴""反向堆叠"，如图 6-42 所示。

一、建立混合效果

　　选择"建立"命令可对选定对象创建混合效果。
　　选择"混合选项"命令，可打开"混合选项"对话框，如图 6-43 所示。"混合选项"对话框中各属性设置说明如下。
　　间距：包括"指定的步数""指定的距离""平滑颜色"几种。

图 6-42　"混合"子菜单

"指定的步数":控制在混合开始与混合结束之间的步数。

"指定的距离":控制混合步骤之间的距离。指定的距离是指从一个对象边缘到下一个对象相对应边缘（如从一个对象的右边缘到下一个对象的右边缘）的距离。

"平滑颜色":自动计算混合的步数。如果对象使用不同的颜色进行填色或描边,则计算的步数将是实现平滑颜色过渡的最佳步数;如果对象包含相同的颜色或者包含渐变或图案,则步数将根据两个对象定界框边缘之间的最长距离计算得出。

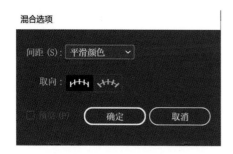

图 6-43　"混合选项"对话框

"取向":该选项决定混合对象的朝向,包括"对齐页面""对齐路径"方式。

"对齐页面":使混合垂直于页面的 X 轴。

"对齐路径":使混合垂直于路径。

1. 使用指定的步数创建混合效果

以在 3 个颜色不同但形状相同的对象之间创建一系列混合形状为例。双击"混合工具"按钮，打开"混合选项"对话框,从"间距"下拉列表中选择"指定的步数"选项,将步数设定为 2,并单击"确定"按钮,如图 6-44 所示。

2. 创建平滑颜色混合效果

以在两个已描边但没有填色的五角星对象之间创建一系列混合形状为例。双击"混合工具"按钮,打开"混合选项"对话框,从"间距"下拉列表中选择"平滑颜色"选项,并单击"确定"按钮即可。

二、编辑混合轴

创建混合后,会自动生成一条用于连接对象的路径,即混合轴。在默认情况下,混合轴是一条直线路径,对混合轴上的锚点进行编辑,可以调整混合轴的形状。

三、反向混合轴

选择一个混合对象,如图 6-45 所示,执行"对象"—"混合"—"反向混合轴"菜单命令,可以反转混合轴上的混合顺序,效果如图 6-46 所示。

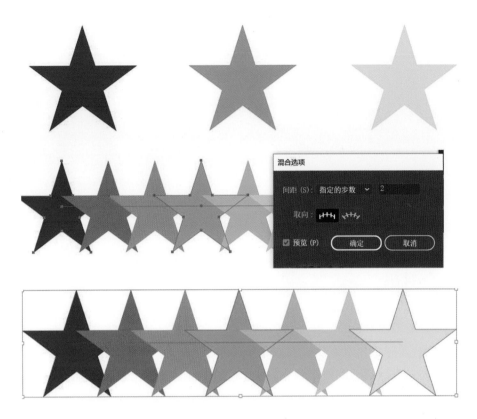

图 6-44　使用指定的步数创建混合效果

图 6-45　混合对象

图 6-46　反向混合轴效果

四、扩展混合对象

创建混合后,无法对原始对象之间产生的新图形进行选择和编辑。若将混合对象扩展为单独的图形对象,即可进行编辑。选中一个混合对象,如图 6-47 所示,执行"对象"—"混合"—"扩展"菜单命令,即可将图

93

形扩展出来,效果如图 6-48 所示。扩展出来的图形会自动编为一组,可以选择需要编辑的任意对象单独进行编辑。

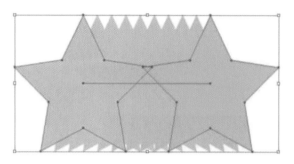

图 6-47　混合对象

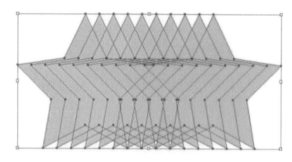

图 6-48　扩展混合对象效果

五、释放混合对象

选择"释放"命令可对混合对象进行解除混合操作。

选中一个混合对象,如图 6-49 所示,执行"对象"—"混合"—"释放"菜单命令,可以取消混合效果,释放出原始对象,由混合生成的新图形将会被删除,并且还会释放出一条无填色、无描边的混合轴,如图 6-50 所示。

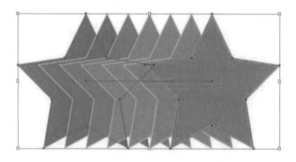

图 6-49　混合对象

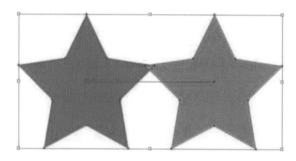

图 6-50　释放混合对象效果

第六节
实例——制作混合字母

本实例运用"钢笔工具""旋转工具""椭圆工具""混合工具"等进行制作,重点了解"混合工具"的功能及使用方法,制作的混合字母如图 6-51 所示。

(1)选择"直线段工具"█绘制直线,按住 Alt 键将旋转中心移到中心点,旋转角度设置为 20°,按住 Ctrl +D 键,形成放射线,如图 6-52 所示。

图 6-51　混合字母

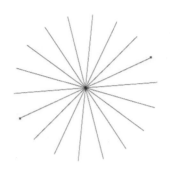
图 6-52　放射线

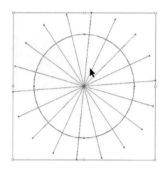
图 6-53　圆和放射线对齐效果

（2）以放射线中心为圆心，单击"椭圆工具"按钮○，按住 Alt＋Shift 键绘制正圆，点选"选择工具"▶，框选圆和放射线。执行"窗口"—"对齐"—"居中对齐"命令，效果如图 6-53 所示。

（3）执行"窗口"—"路径查找器"—"分割"命令，效果如图 6-54 所示；单击鼠标右键，取消编组，选择"直接选择工具"▶，按住 Shift 键加选不同的区域，分别填充黑色和白色，如图 6-55 所示。

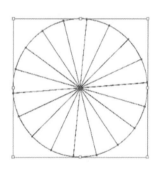
图 6-54　分割效果

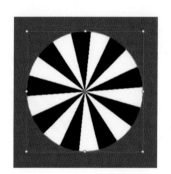
图 6-55　填充黑色和白色

（4）选择"钢笔工具"，用"钢笔工具"绘制一条开放式的曲线，如图 6-56 所示。

图 6-56　绘制曲线

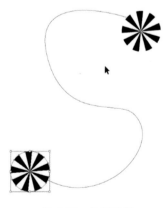
图 6-57　复制饼图

（5）调整曲线至所需形状，选择步骤（3）绘制好的饼图，并缩小至合适大小，移动到曲线一端，按住 Alt 键复制到另一端，如图 6-57 所示。

（6）同时选中两个饼图，执行"对象"—"混合"—"建立"命令，效果如图 6-58 所示。双击"混合工具"按钮

,显示"混合选项"对话框,设置"指定的距离"为 1. 41 mm,单击"确定"按钮,如图 6-59 所示。

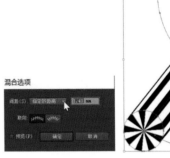

图 6-58　建立混合效果　　　　　　　　　图 6-59　设置"混合选项"参数及其效果

(7)点选"选择工具" ，全选图形,选择"对象"—"混合"—"替换混合轴",如图 6-60 所示。最终效果如图 6-61 所示。

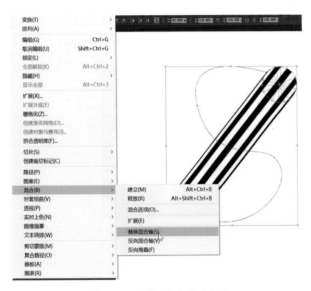

图 6-60　选择"替换混合轴"　　　　　　　图 6-61　混合字母最终效果

Adobe Illustrator Jichu yu Shixun Jiaocheng

第七章
画笔与符号的运用

第一节
画笔的运用

一、"画笔工具"的使用

在工具箱中选择"画笔工具" ，然后在"画笔"面板中选择一个画笔，直接在工作面板页面上按住鼠标拖动，可绘制一条路径。此时，"画笔工具"鼠标光标右下角显示一个小叉 ，表示正在绘制一条任意形状的路径。绘制过程中，小叉会消失，绘制完又出现，如图 7-1 所示。

图 7-1　用"画笔工具"绘制路径

二、"画笔工具"选项

双击工具箱中的"画笔工具"按钮 ，会弹出"画笔工具选项"对话框，如图 7-2 所示。在该对话框中，"保真度"值越大，所画曲线上的节点越少；值越小，所画曲线上的节点越多。"平滑度"值越大，所画曲线与画笔移动的方向差别越大；值越小，所画曲线与画笔移动的方向差别越小。

三、"画笔"面板

执行"窗口"—"画笔"命令，或按快捷键 F5，可打开"画笔"面板（见图 7-3），根据需要选择一支合适的画笔。

 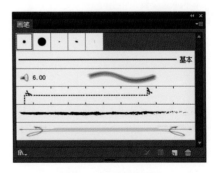

图 7-2　"画笔工具选项"对话框　　　　图 7-3　"画笔"面板

不同的笔刷类型如图 7-4 所示。

书法笔刷:沿着路径中心创建具有书法效果的笔画。

散点笔刷:沿着路径散布特定的画笔形状。

艺术笔刷:沿着路径的方向展开画笔。

图案笔刷:绘制由图案组成的路径,这种图案沿路径不停重复。

书法笔刷　　　散点笔刷　　　艺术笔刷　　　图案笔刷

图 7-4　不同的笔刷类型

四、创建画笔

(一)设置画笔类型

单击"画笔"面板中的"新建画笔"按钮，或执行面板菜单中的"新建画笔"命令,打开图 7-5 所示的"新建画笔"对话框,在该对话框中可以选择一个画笔类型。选择画笔类型后,单击"确定"按钮,可以打开相应的画笔选项对话框。例如,选择"图案画笔"后单击"确定"按钮会打开"图案画笔选项"对话框,如图 7-6 所示。设置好参数,单击"确定"按钮即可完成自定义画笔的创建,画笔会保存到"画笔"面板中。在应用新建的画笔时,可以在"画笔"面板或控制面板中调整画笔描边的粗细。

图 7-5　"新建画笔"对话框

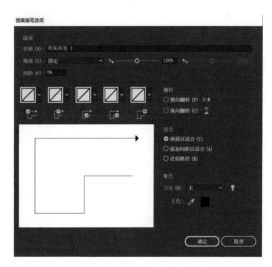

图 7-6　"图案画笔选项"对话框

如果要创建散点画笔、艺术画笔和图案画笔,则必须先创建要使用的图形,并且该图形不能包含渐变、混合、画笔描边、网格、位图图像、图表、置入的文件和蒙版。此外,创建艺术画笔和图案画笔时使用的图稿中不能包含文字。如果要包含文字,可先将文字转换为轮廓,再使用轮廓图形创建画笔。

adobe Illustrator Jichu yu Shixun Jiaocheng

（二）创建图案画笔

图案画笔用来绘制对象的轮廓，而非用图案来填充对象。

执行"窗口"—"符号"命令，打开"符号"面板，如图 7-7 所示。

把图 7-8 所示的符号分别拖动到"画笔"面板中生成图案画笔，如图 7-9 所示；在弹出的对话框中，选择画笔类型为"图案画笔"，单击"确定"按钮后弹出"图案画笔选项"对话框，如图 7-10 所示，使用默认名称，单击"确定"按钮。

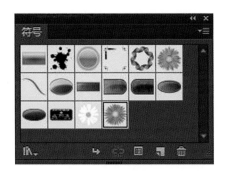

图 7-7　"符号"面板

图 7-8　图形符号（两组）

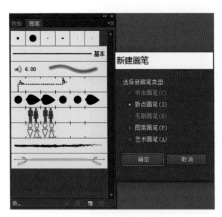

图 7-9　生成图案画笔

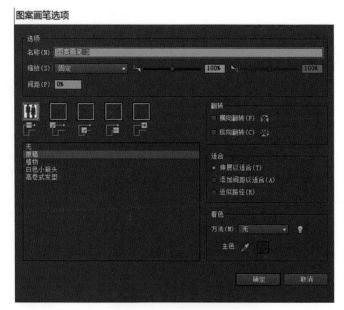

图 7-10　创建图案画笔

选择"椭圆工具" ，按住 Alt＋Shift 键创建一个正圆，填充颜色，并在圆外、圆内分别创建一个不填充、不描边的圆，如图 7-11 所示。

选择外圆，然后单击自定义的符号画笔，再选择内圆，单击另一种符号画笔，得到图 7-12 所示效果，注意调整描边的大小。

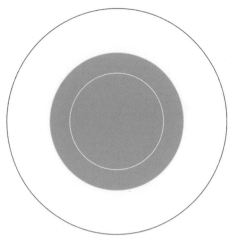

图 7-11　绘制正圆

图 7-12　使用符号图案画笔绘制对象轮廓

将内圆和外圆以同等比例缩小(或按 Alt＋Shift 键),同时选中外圆和内圆,按 Ctrl＋Alt＋Shift＋D 键执行"分别变换"命令,设置参数,如图 7-13 所示。最终效果如图 7-14 所示。

图 7-13　"分别变换"对话框中的参数设置

图 7-14　最终效果

(三)创建书法画笔

如果要创建书法画笔,可以在"新建画笔"对话框中选择"书法画笔"选项,将弹出图 7-15 所示的"书法画笔选项"对话框。

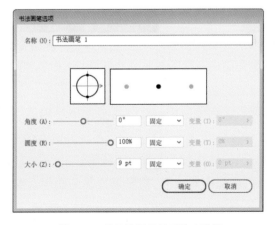

图 7-15　"书法画笔选项"对话框

"书法画笔选项"对话框中各属性设置选项说明如下。

名称:可输入画笔的名称。

画笔形状编辑器:拖动窗口中的箭头可以调整画笔的角度,如图 7-16 所示;拖动黑色的圆形调杆可以调整画笔的圆度,如图 7-17 所示。

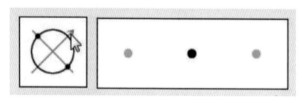

图 7-16　调整画笔角度

图 7-17　调整画笔圆度

画笔效果预览窗:用来观察画笔的调整结果。如果将画笔的角度和圆度的变化方式设置为"随机",并调整"变量"参数,则画笔效果预览窗将出现 3 个画笔,如图 7-18 所示。中间显示的是修改前的画笔,左侧显示的是随机变化最小范围的画笔,右侧显示的是随机变化最大范围的画笔。

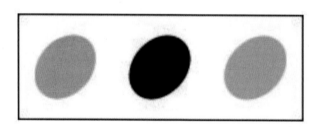

图 7-18　画笔预览

角度/圆度/大小:这 3 个选项分别用来设置画笔的角度、圆度和直径。在这 3 个选项右侧的下拉列表中包含了"固定""随机""压力"等选项,它们决定了画笔角度、圆度和直径的变化方式。如果选择除"固定"以外的其他选项,则"变量"选项可用,通过设置"变量"可以确定变化范围的最大值和最小值。各选项的具体用途如下。

固定:创建具有固定角度、圆度或直径的画笔。

随机:创建角度、圆度或直径含有随机变量的画笔。此时可在"变量"框中输入一个值,指定画笔特征的变化范围。

压力:当计算机配置有数位板时,该选项可用。此时可根据压感笔的压力,创建不同角度、圆度或直径的画笔。

光笔轮:根据压感笔的操纵情况,创建具有不同直径的画笔。

倾斜:根据压感笔的倾斜角度,创建不同角度、圆度或直径的画笔。此选项与"圆度"一起使用时非常有用。

方位：根据钢笔（压感笔）的受力情况，创建不同角度、圆度或直径的画笔。

旋转：根据压感笔笔尖的旋转角度，创建不同角度、圆度或直径的画笔。此选项对于控制书法画笔的角度（特别是在使用像平头画笔一样的画笔时）非常有用。

（四）创建散点画笔

创建散点画笔之前，先要制作创建画笔时使用的图形，以图 7-19 所示的图形为例。选择该图形后，单击"画笔"面板中的"新建画笔"按钮，在弹出的对话框中选择"散点画笔"选项，将弹出图 7-20 所示的"散点画笔选项"对话框。

图 7-19　画笔图形

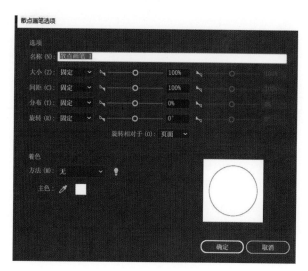

图 7-20　"散点画笔选项"对话框

"散点画笔选项"对话框中各属性设置选项说明如下。

大小：用来设置散点图形的大小。

间距：用来设置路径上图形之间的间距。不同间距效果如图 7-21 所示。

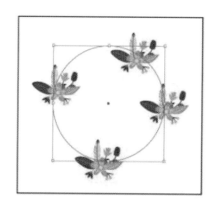
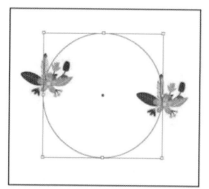

图 7-21　不同间距的散点图形分布效果

分布：用来设置散点图形偏离路径的距离。该值越大，图形离路径越远。不同分布效果如图 7-22 所示。

旋转相对于：在"旋转相对于"下拉列表中选择一个旋转基准目标，可基于该目标旋转图形。

方法：用来设置图形的颜色处理方法，包括"无""色调""淡色和暗色""色相转换"。选择"无"选项，画笔绘制的颜色与样本图形的颜色一致；选择"色调"选项，以浅淡的描边颜色显示画笔描边，图稿的黑色部分会变为描边颜色，不是黑色的部分则会变为浅淡的描边颜色，白色依旧为白色；选择"淡色和暗色"选项，以描

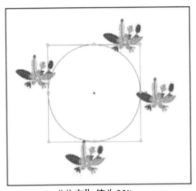
"分布"值为20%

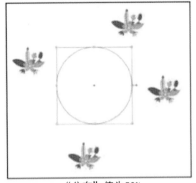
"分布"值为50%

图 7-22　不同"分布"值的散点图形分布效果

边颜色的淡色和暗色显示画笔描边,此时会保留黑色和白色,而黑白之间的所有颜色则会变成描边颜色从黑色到白色的混合;选择"色相转换",画笔图稿中使用主色(图稿中最突出的颜色)的每个部分会变成描边颜色,画笔图稿中的其他颜色则会变为与描边色相关的颜色,画笔中的黑色、灰色和白色不变。单击"提示"按钮,在打开的对话框中可查看该选项的具体说明。

主色:用来设置图形中最突出的颜色。如果要修改主色,可以选择对话框中的工具,然后在右下角的预览框中单击样本图形,将单击点的颜色定义为主色。

(五)创建毛刷画笔

使用毛刷画笔可以创建带有毛刷感的自然画笔外观。在"新建画笔"对话框中选择"毛刷画笔"选项,将弹出图 7-23 所示的"毛刷画笔选项"对话框。

"毛刷画笔选项"对话框中各属性设置选项说明如下。

形状:可以从 10 个不同画笔模型中选择画笔形状,这些模型提供了不同的绘制体验和不同的毛刷画笔路径的外观,如图 7-24 所示。

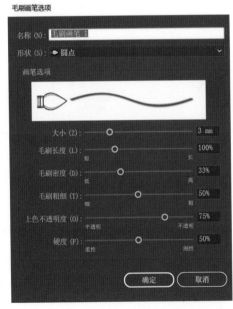
图 7-23　"毛刷画笔选项"对话框

图 7-24　毛刷画笔形状选项

大小：可设置画笔的直径。如同物理介质画笔，毛刷画笔直径从毛刷的笔端开始计算。

毛刷长度：从画笔与笔杆的接触点到毛刷尖的长度。

毛刷密度：毛刷颈部指定区域中的毛数。

毛刷粗细：可调整毛刷粗细，从精细到粗糙。

上色不透明度：可以设置使用画笔画图时的不透明度，从 1％(半透明)到 100％(不透明)。

硬度：毛刷的坚硬度。如果设置较小的毛刷"硬度"值，毛刷会很轻便。设置一个较大"硬度"值时，毛刷会变得更加坚韧。

(六)创建艺术画笔

创建艺术画笔前，先要选择画笔图形，以图 7-25 所示的图形为例。选择该图形，单击"画笔"面板中的"新建画笔"按钮，在弹出的对话框中选择"艺术画笔"选项，将弹出图 7-26 所示的"艺术画笔选项"对话框。

图 7-25　画笔图形

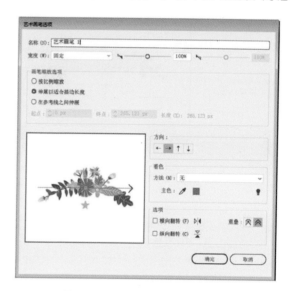

图 7-26　"艺术画笔选项"对话框

"艺术画笔选项"对话框中各属性设置选项说明如下。

宽度：用来设置图形的宽度。

画笔缩放选项：选择"按比例缩放"选项，可保持画笔图形的比例不变；选择"伸展以适合描边长度"选项，可拉伸画笔图形，以适合路径长度；选择"在参考线之间伸展"选项，然后在下方的"起点"和"终点"选项中输入数值，对话框中会出现两条参考线，此时可拉伸或缩短参考线之间的对象使画笔适合路径长度，参考线之外的对象比例保持不变。通过这种方法创建的画笔为分段画笔。

方向：决定了图形相对于线条的方向，如图 7-27 所示。单击 按钮，可以将描边端点放在图稿左侧；单击 按钮，可以将描边端点放在图稿右侧；单击 按钮，可以将描边端点放在图稿顶部；单击 按钮，可以将描边端点放在图稿底部。

着色：可以设置描边颜色和着色方法。可展开"方法"选项下拉列表，从不同的着色方法中进行选择，或者选择对话框中的"主色"工具，在左下角的预览框中单击样本图形拾取颜色。

横向翻转/纵向翻转：可以改变图形相对于路径的方向。

重叠：如果要避免对象边缘的连接和重叠，可以单击该选项中的按钮。

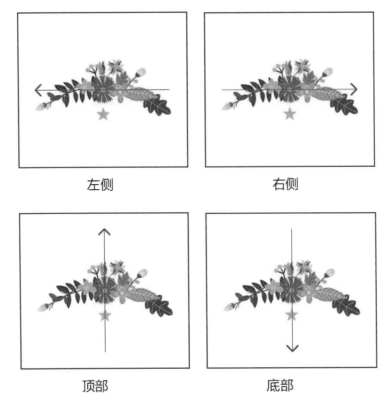

| 左侧 | 右侧 |
| 顶部 | 底部 |

图 7-27　艺术画笔不同"方向"选项

第二节
符号的运用

　　符号是一种可以被重复使用并且不会增加文件大小的图形。这些图形被存放在"符号"面板(见图 7-28)中,所有被应用到文件中的符号图形称为"实例"。

　　每个符号实例都链接到"符号"面板中的符号或符号库,使用符号可节省时间并明显减少文件大小。

　　执行"窗口"—"符号"命令(或按 Shift+Ctrl+F11 键)就可以打开"符号"面板,查看和调用符号对象。

一、置入符号

　　单击"符号"面板中的"置入符号实例"按钮,将实例置入画板中,如图 7-29 所示。

　　也可以把"符号"面板中的符号直接拖动到画板上,如图 7-30 所示。

　　Illustrator CC 自带了很多符号,如果想查看选择更多的符号,在面板右上角单击菜单按钮就可以打开符号库。图 7-31 所示的是软件自带的"自然"类型符号。

图 7-28　"符号"面板

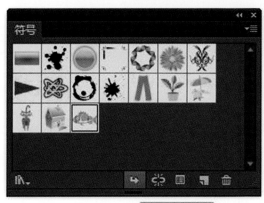

图 7-29　置入符号实例

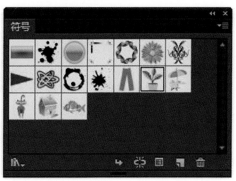

图 7-30　拖动"符号"面板中的符号到画板上

二、符号喷枪工具

　　在工具箱中单击"符号喷枪工具"按钮 （或按 Shift＋S 键）可启用"符号喷枪工具"。若在"符号喷枪工具"按钮上按住鼠标左键不放，会展开对应的工具组，如图 7-32 所示。

　　"符号喷枪工具"的效果就像一个粉雾喷枪，可一次性地将大量相同的对象添加到画板上。例如，使用"符号喷枪工具"可添加许许多多的草叶、鱼等。

　　（1）在"符号"面板中自带的"自然"类型符号中，分别选中"植物1""植物2""草地1""草地2""草地3""草

图 7-31　"自然"类型符号

地 4"。然后选择"符号喷枪工具",单击或拖动画面进行喷射绘制。切换至不同类别草地的喷绘时,应确保画面组处于选中状态,再使用"符号喷枪工具"。效果如图 7-33 所示。

图 7-32　"符号喷枪工具"所在工具组　　　　图 7-33　草地喷绘效果

　　(2)选中"鱼类 1""鱼类 3""鲨鱼""贝壳",使用"符号喷枪工具"喷绘,效果如图 7-34 所示。

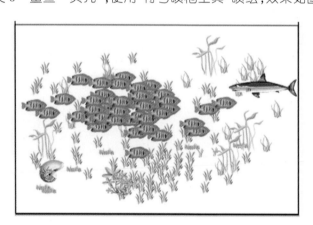

图 7-34　鱼类等喷绘效果

　　(3)元素太多而需要删除实例时,应使实例组处于选中状态,使用"符号喷枪工具"单击或拖动要删除的实例,同时按住 Alt 键(Windows)或 Option 键(macOS)进行删除。不同实例需要在"符号"面板上对应,否则无法删除。删除"鱼类 1"部分内容,如图 7-35 所示。

　　(4)双击"符号喷枪工具"按钮,在弹出的"符号工具选项"对话框中可以调整"符号喷枪工具"的应用数值,如图 7-36 所示。

图 7-35　删除"鱼类 1"部分内容效果

图 7-36　"符号工具选项"对话框

三、符号紧缩器工具

选择"符号紧缩器工具" ，单击符号对象可以令符号对象向收缩工具画笔的中心点方向收缩（聚集而非缩小）。例如，对于图 7-35 所示效果，符号组处于选中状态，使用"符号紧缩器工具"在水草靠前部分单击，水草向里收缩，如图 7-37 所示。如果持续地按下鼠标，那么鼠标按下的时间越长，实例就会越紧密地聚集在一起。

图 7-37　"符号紧缩器工具"效果

如要使画面中其他实例紧缩在一起，需要选择相应的符号，否则无法调整实例。

在选择"符号紧缩器工具"后，单击鼠标时按住 Alt 键（Windows）或 Option 键（macOS），可以使收缩在一起的符号实例疏散开。

四、符号缩放器工具

使用"符号缩放器工具" 可以放大符号，对画笔内的符号大小随意地进行调整。对图 7-35 所示画面中的鱼类和水草的实例进行缩放时，在"符号"面板中也需要选中对应符号（否则缩小时无效）。在单击的同时按住 Alt 键（Windows）或 Option 键（macOS），可以缩小符号。"符号缩放器工具"效果如图 7-38 所示。

图 7-38 "符号缩放器工具"效果

五、符号旋转器工具

使用"符号旋转器工具" 通过拖动的方式可改变符号的方向。先选中整组实例对象，在"符号"面板中选中符号，然后选择"符号旋转器工具"，单击贝壳并调整方向，对部分鱼类也进行旋转。若需精确调整则需要放大，可将光标对准箭头的三角形，然后调整方向。效果如图 7-39 所示。

图 7-39 "符号旋转器工具"效果

六、符号着色器工具

使用"符号着色器工具" 可以改变符号的颜色，对着色趋于淡色的实例更改色调，同时保留原始明度。着色时，需要打开"色板"面板，确定合适的填充色，然后选择"符号着色器工具"，单击想要着色的鱼类和水草实例，选择的颜色就覆盖到单击处的原始符号组上了。单击实例时按住 Alt 键（Windows）或 Option 键（macOS），可以减少着色量并显示更多原始符号颜色。"符号着色器工具"效果如图 7-40 所示。

七、符号滤色器工具

使用"符号滤色器工具" 可以改变符号的透明度，令符号在视觉上呈现透视效果。选中"符号滤色器工具"，单击后边鱼类和水草，可修改透明度，效果如图 7-41 所示。

图 7-40　"符号着色器工具"效果

图 7-41　"符号滤色器工具"效果

八、符号移位器工具

使用"符号移位器工具"通过拖动的方式可以将符号移动到新的位置。下面使用"符号移位器工具"对上文实例进行移动。在面板中选择贝壳,使用"符号移位器工具"把它向上移动,用同样的方法可对鱼类进行移动,效果如图 7-42 所示。

图 7-42　"符号移位器工具"效果(上下移动)

按住 Shift 键可将符号实例前移一层,按住 Shift+Alt 键可将符号实例后移一层。将贝壳向后移一层,隐于水草后,再将部分鱼类向水草后移动,效果如图 7-43 所示。

图 7-43 "符号移位器工具"效果(前后移动)

在 Illustrator CC 中创作的任何作品都可以保存成一个符号,不论它包括的是绘制的元素、文本、图像还是以上元素的合成物,通过面板能够实现对符号的所有控制,用拖动的方式或者用新符号工具可将新符号添加到作品中。无论是做微小的变动还是想用完全不同的符号替代一个既存的符号,都可以通过"符号"面板弹出菜单中的"重新定义符号"命令来更新所有的符号。

每一个绘画中的符号实例都指向原始的符号,不仅容易实现对变化进行管理,又可以使文件比较小;重新定义一个符号时,所有用到此符号的子案例会自动更新。对于 Web 设计、技术图纸和地图等复杂的作品来说,这一功能确保了一致性并且提高了工作效率,设计师可以通过"符号"面板弹出菜单中的"编辑符号"命令来更新符号。

Adobe Illustrator 也支持符号库,可以在多个文件之间共享符号。一个网页设计小组可以创建一个符号库,包含共有界面,如图标或公司商标。插画师绘制的复杂画面中有重复的元素时,可以选择创建插画符号以快速使用重复元素。系列地图的设计师可以使用符号代表标准和信息图标,如旅馆位置、超市或博物馆等,帮助创作组保持一致性并节省时间。

第三节
实例——设计与制作几何图形

本实例为综合案例,主要运用"矩形工具""旋转工具""倾斜工具""比例缩放工具"等,以熟练掌握色板及画笔的使用方法。本实例效果如图 7-44 所示。

(1)选择"矩形工具" ▣,绘制矩形,并填充饱和度较低、明度较高的颜色,如图 7-45 所示。

(2)双击"倾斜工具"按钮 ☑,显示"倾斜"对话框,设置"倾斜角度"为 30°,如图 7-46 所示。效果如图 7-47 所示。

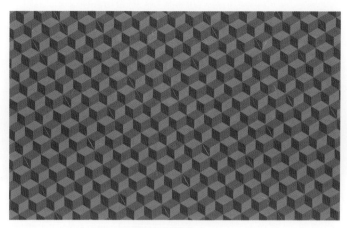

图 7-44　几何图形

图 7-45　绘制矩形并填充颜色

图 7-46　"倾斜"对话框

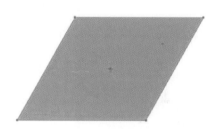

图 7-47　使矩形倾斜

(3)选择"镜像工具" ,按住 Alt 键,把中心点移到图形右上顶点处,如图 7-48 所示;在"镜像"对话框中设置轴为"垂直","角度"为 90°,如图 7-49 所示;单击"复制"按钮,效果如图 7-50 所示。

图 7-48　移动中心点

图 7-49　"镜像"对话框

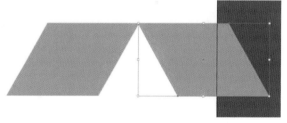

图 7-50　镜像图形

(4)选中两个图形,选择"镜像工具" ,按住 Alt 键,把中心点移到左边图形右下顶点处,如图 7-51 所示;在"镜像"对话框中设置轴为"水平","角度"为 0°,单击"复制"按钮,效果如图 7-52 所示。

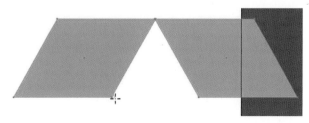

图 7-51　移动中心点

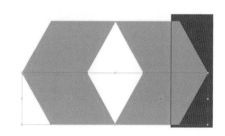

图 7-52　再次镜像矩形

(5)选中下方两个变形后的矩形,并填充饱和度较低的颜色,如图7-53所示;选择"矩形工具" ,绘制矩形,单击鼠标右键选择将其置于底层,并填充深红色(区别于其他两种颜色),如图7-54所示。

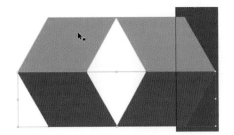

图7-53 填充颜色

图7-54 填充背景色

(6)选中所有图形,单击鼠标右键选择"编组",再执行"窗口"—"色板"命令,显示"色板"面板,将图形直接拖曳到"色板"面板里,新建色板,如图7-55所示。

(7)选择"矩形工具" ,绘制矩形框,如图7-56所示。选中矩形框,新建为色板;双击"旋转工具"按钮 ,显示"旋转"对话框,设置"角度"为30°,勾选"变换图案",单击"确定"按钮,效果如图7-57所示。

图7-55 "色板"面板中
新建色板

图7-56 绘制矩形框

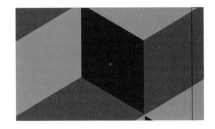

图7-57 变换图案效果

(8)双击"比例缩放工具"按钮 ,显示"比例缩放"对话框,设置"等比"为20%,勾选"变换图案",如图7-58所示,单击"确定"按钮,最终效果如图7-59所示。

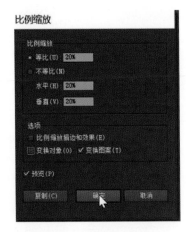

图7-58 "比例缩放"对话框

图7-59 几何图形最终效果

Adobe Illustrator Jichu yu Shixun Jiaocheng

第八章
字体与透明度工具

第一节
文字工具概述

作为一种设计元素,文字在设计中扮演了非常重要的角色。Illustrator CC 中的文字功能是该软件的强大功能之一,利用该功能可以在设计稿中添加单行文字、创建多列和多行文字、将文字排入形状或沿路径排列文字,以及像图形一样使用文字。和处理其他对象一样,用户也可以给文字上色,对其进行缩放、旋转等。下面将学习在 Illustrator CC 中创建基本文字和有趣的文字效果。

一、查看所有字体

执行"文字"—"字体"命令,可以显示计算机中安装的所有字体,如图 8-1 所示,在这里可以根据需要选择合适的字体。

选择"文字工具" 后,在页面上方的对象属性栏中,单击"字符"按钮,可打开"字符"面板,然后单击字体系列后方的三角箭头,便可以打开下拉菜单,看到计算机中安装的所有字体,如图 8-2 所示,在该菜单中可以根据需要选择字体类型。

二、改变文字的大小

方法如下:

(1)执行"文字"—"大小"命令可以调整字号(也就是字体大小),可以选择"其它"选项或某一字号数值。

(2)在"字符"面板的"设置字体大小"框内输入数值也可确定字体大小。

(3)在工具属性栏中设置字体大小。

以上 3 种方法如图 8-3 所示。

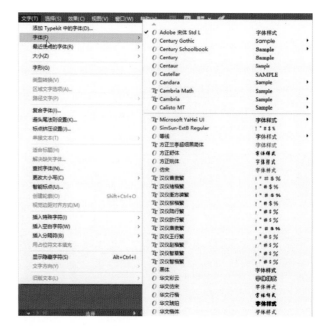

图 8-1 显示所有字体

(4)用"选择工具"选中需要调整字体大小的文字,将光标移动到文字框 4 个边角的任意一个角点上,单击的同时按住 Shift 键拖动鼠标,即可放大或缩小字体。

(5)用"选择工具"选中文字后,按 Ctrl+Shift+>键或 Ctrl+Shift+<键可以放大或缩小字体。

图 8-2　下拉菜单显示所有字体

图 8-3　改变字体大小的 3 种方法

三、"字符"面板

执行"窗口"—"文字"—"字符"命令或按 Ctrl＋T 组合键,即可打开"字符"面板。在该面板中,可以设置文字的字体、字号、字形、间距、水平和垂直缩放、基线偏移及字符方向等属性,如图 8-4 所示。

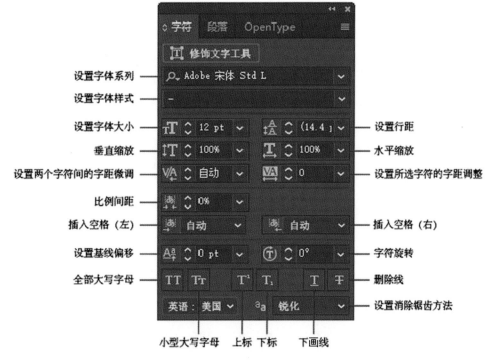

图 8-4　"字符"面板

Illustrator CC 主要提供了 6 种文字工具,如图 8-5 所示,前面 3 个工具用于处理横排文字,后面 3 个文字工具用于处理直排文字。

一、创建点文字

在工具栏中选择"文字工具"█,然后在画板中单击,设置文字插入点,鼠标点击处会出现闪烁光标,此时切换输入法输入文字即可创建点文字,按 Enter 键可换行。按 Esc 键或单击工具箱中的其他工具,可停止文字输入状态。

图 8-5　6 种文字工具

二、创建段落文字

使用"文字工具"█和"直排文字工具"█还可以创建段落文字,适合创建大量的文字信息。选择这两种文字工具的任意一种,在文档中合适的位置按下鼠标,在不释放鼠标的情况下拖出一个矩形文字框,如图 8-6 所示,然后输入文字即可创建段落文字。在文字框中输入文字时,文字会根据拖动的矩形文字框大小自动进行换行,如改变文字框的大小,文字会一起改变。创建横排与直排段落文字的效果分别如图 8-7 和图 8-8 所示。

图 8-6　拖出矩形文字框

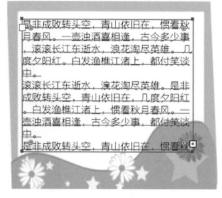

图 8-7　横排段落文字

三、创建区域文字

区域文字是一种特殊的文字,需要使用"区域文字工具"█创建。使用"区域文字工具"█不能直接在文档空白处输入文字,需要借助一个路径区域才可以使用。路径区域的形状不受限制,可以是任意路径区域,而且在添加文字后还可以修改路径区域的形状。"区域文字工具"  和"直排区域文字工具" 在用法上是相同的,只是输入的文字方向不同,这里以"区域文字工具"为例进行介绍。

要使用"区域文字工具",首先要绘制一个路径区域,然后选择工具箱中的"区域文字工具",将光标移动到要输入文字的路径区域的路径上,然后在路径处单击,这时可以看到路径区域的左上角位置出现一个闪动的光标符号,直接输入文字即可。如果输入的文字超出了路径区域的大小,在区域文字的末尾处,将显示一个红色"田"字形标志。区域文字的输入效果如图 8-9 所示。

图 8-8　直排段落文字　　　　　　　　　图 8-9　区域文字的输入效果

在使用"区域文字工具"时,所使用的路径区域不能是复合或蒙版路径,而且单击时鼠标光标必须在路径区域的路径上面。如果单击有误,系统将弹出一个提示错误的对话框。在单击路径时,路径区域如果本身有填充或描边颜色,将变成无色。

四、创建闭合路径文字

路径文字就是沿路径排列的文字效果,可以借助"路径文字工具"来创建。"路径文字工具"使文字不但可以沿开放路径排列,也可以沿封闭的路径排列,而且路径可以是规则的或不规则的。在路径上输入文字时,使用"路径文字工具"输入的文字,字符走向将会与基线平行;使用"直排路径文字工具"输入的文字,字符走向将与基线垂直。这两种文字工具创建的文字效果如图 8-10 所示。

"路径文字工具"和"直排路径文字工具"的使用方法是相同的,只是文字的走向不同,这里以"路径文字工具"为例介绍路径文字的创建方法。首先要保证文档中有一条开放或封闭的路径,然后选择工具箱中的"路径文字工具",将光标移动到路径上方,然后单击,可以看到在路径上出现一条闪动的文字输入符号,此时输入文字即可制作出路径文字效果。创建路径文字操作及效果如图 8-11 所示。

图 8-10　"路径文字工具"和"直排路径文字工具"创建的文字效果

图 8-11　创建路径文字操作及效果

五、创建开放路径文字

使用"文字工具" **T** 时,将光标移动到开放的路径上,光标的状态会由矩形的虚线框变为一条波浪曲线,此时输入文字,就会产生"路径文字工具"效果:单击设置文字插入点,输入文字,即可创建路径文字,并且文字沿着该路径排列。将光标放在开放路径上同时按住 Alt 键,会产生"区域文字工具"效果。

对区域文字和用以创建文字边界的路径进行选择时,要用"直接选择工具"或"编组选择工具"。

使用"文字工具" **T** 时,将光标移动到闭合路径上,光标的状态会由矩形的虚线框变为圆形的虚线框,此时输入文字,就会产生"区域文字工具"效果;将光标放在闭合路径上,并按住 Alt 键,"文字工具"光标的状态会由矩形的虚线框变为一条波浪曲线,此时输入文字,会产生"路径文字工具"效果。

六、创建直排文字

使用"文字工具" **T** 时,按住 Shift 键,可以暂时切换至"直排文字工具"效果;如果按住 Shift＋Alt 组合键,会切换成"直排路径文字工具"效果。

第三节
文 本 编 辑

一、调整字间距、行间距

按 Alt＋→键或 Alt＋←键，可增大或缩小字间距。

在"字符"面板中"设置基线偏移"下拉菜单（见图 8-12）中选择数值可调整基线位置，使其向上或向下移动。按 Shift＋Alt＋↑键或 Shift＋Alt＋↓快捷键也可以向上或向下调整基线位置。

按 Alt＋↑或 Alt＋↓键，可增大或缩小行间距。

"字符"面板中有"垂直缩放"和"水平缩放"选项，如图 8-13 所示。利用"垂直缩放"选项或"水平缩放"选项可以单独改变文本的高度或宽度。

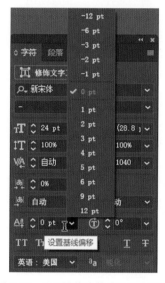

图 8-12 "设置基线偏移"下拉菜单

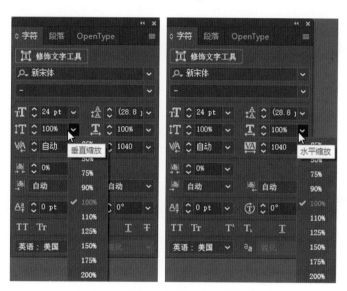

图 8-13 "垂直缩放"和"水平缩放"选项

二、调整旋转角度

"字符"面板中有"字符旋转"选项，如图 8-14 所示，通过在该选项中设置不同的角度，可以调整字体的倾斜度。该选项旋转字体是根据基线而旋转，不会更改基线的方向。

三、设置段落格式

（一）文字对齐

执行"窗口"—"文字"—"段落"命令，打开"段落"面板。在"段落"面板最上方有 7 种对齐方式选项，如图 8-15 所示。

图 8-14　"字符旋转"选项及旋转文字效果

图 8-15　对齐方式

默认情况下，"段落"面板中的调节选项只显示最常用的选项。如果要显示所有选项，可以在"段落"面板的右上角单击面板菜单，然后选择"显示选项"选项；或者单击"段落"面板上"段落"两个字前面的双向三角形按钮，对面板显示大小进行循环切换。

(二)段落缩进

缩进是指文本和文字对象边界的间距量。缩进只影响选中的段落，因此可以很容易地为多个段落设置不同的缩进。在"段落"面板中，对段落进行缩进的类型有"左缩进""右缩进""首行左缩进"，可以为文字左边缘或右边缘、每个段落的第一行选择不同的缩进量，如图 8-16 所示。

(三)段落间距

在"段落"面板中，利用"段前间距""段后间距"选项可以调整段落前后的距离，如图 8-17 所示。

图 8-16　"段落"面板中的缩进选项　　　　图 8-17　段落间距选项

(四)避头尾集设置

在"段落"面板中的"避头尾集"选项中选择避头尾法则，可以使文字排版时某些标点符号不在段落前出

图 8-21　"更改大小写"操作　　　　　　　　图 8-22　文字转换为轮廓图形

五、使用蒙版效果

转换为轮廓后的文字可以用作剪切蒙版或用图案进行填充,效果如图 8-23 所示。

图 8-23　文字轮廓图形的蒙版效果

六、轮廓的应用

(1)选中转换为轮廓后的文字,执行"对象"—"复合路径"—"建立"命令,或按 Ctrl＋8 快捷键,更改成复合路径。

(2)创建一个蒙版图形或用于制作蒙版的图像,然后选中蒙版和文字,把文字置于图像顶层,执行"对象"—"剪切蒙版"—"建立"命令,或按 Ctrl＋7 快捷键建立剪切蒙版。

由于每台计算机存有的字库不同,在某一台计算机上设计的时候用到某种字体,如果该设计文件在其他计算机上打开且没有需要的字体,软件便会提示字体丢失,并用计算机中已有的常规字体替换。字体效果丢失,设计效果就会受影响。因此,在完成设计后输出文件、拿去印刷制作之前,要对文档中所有文字执行"创建轮廓"命令,这样便不会因为丢失字体而影响设计效果。但要注意,在对所有文字执行"创建轮廓"

命令之前,要将文件进行备份,以便后续修改文本内容。

字体安装的方法如下:

Windows 系统计算机安装字体方法:将字体复制到启动盘\Windows\Fonts。

macOS 系统计算机安装字体方法:将字体复制到启动盘\Library\Fonts。

第四节
文字的变形

要对已经编辑好的文字进行变形编辑,可执行"效果"—"变形"命令,在图 8-24 所示的"变形"子菜单中选择变形的样式;还可在图 8-25 所示的"变形选项"对话框中"样式"选项下拉列表中选择。文字变形效果如图 8-26 所示。

图 8-24 "变形"子菜单

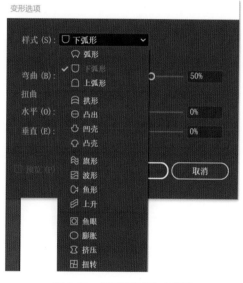

图 8-25 "变形选项"对话框

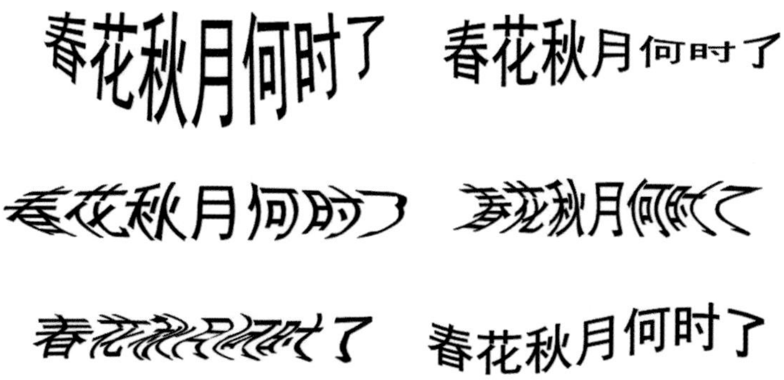

春花秋月何时了　春花秋月何时了

春花秋月何时了　春花秋月何时了

春花秋月何时了　春花秋月何时了

图 8-26 文字变形效果

第五节
透明度工具

一、"透明度"面板

要定义对象的透明度,可以使用"选择工具" 选择对象,然后执行"窗口"—"透明度"命令,打开"透明度"面板,在该面板中的"不透明度"选项中输入数值进行设置,如图 8-27 所示。

执行"窗口"—"透明度"命令,打开"透明度"面板。在"透明度"面板中可以通过调整"不透明度"的百分比来调节图形图像的透明度,100%为不透明,50%为半透明,0%为完全透明。"不透明度"为 50% 的效果如图 8-28 所示。

图 8-27 "不透明度"选项

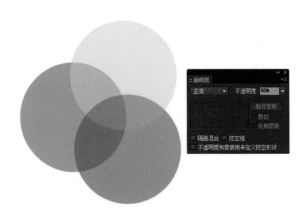

图 8-28 "不透明度"为 50% 的效果

二、透明度混合模式

选择"透明度"面板中的混合模式选项,如图 8-29 所示,不同的模式所呈现的效果不一样,具体如图 8-30 所示。

图 8-29 混合模式选项

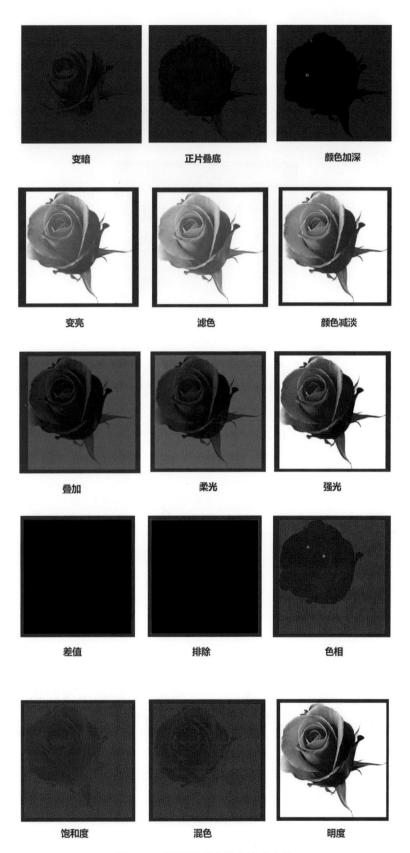

图 8-30　不同透明度混合模式效果

三、"隔离混合"选项

执行"窗口"—"透明度"命令,打开"透明度"面板。在"透明度"面板中,有一个"隔离混合"复选框,如图 8-31 所示。在"图层"面板中选择一个图层或组,然后勾选该选项,可以将混合模式与所选图层或组隔离,使它们下方的对象不受混合模式的影响。

图 8-31　"隔离混合"复选框

四、"挖空组"选项

勾选"透明度"面板上的"挖空组"选项,可以保证编组对象中的对象或图层在相互重叠的地方不能透过彼此而显示。

第六节
实例——制作字体效果

本实例运用"文字工具""渐变工具""倾斜工具""路径查找器"等,重点学习"文字工具"的使用方法,所要制作的字体效果如图 8-32 所示。

春花秋月　往事随风

(a)　　　　　　　　　　　(b)

图 8-32　字体效果

案例一:投影字

(1)选择"文字工具"T,输入"春花秋月"四字,如图 8-33 所示。

春花秋月

图 8-33 输入"春花秋月"

（2）选择"选择工具"，单击鼠标右键，选择"创建轮廓"，将文字转化为轮廓图形，如图 8-34 所示。

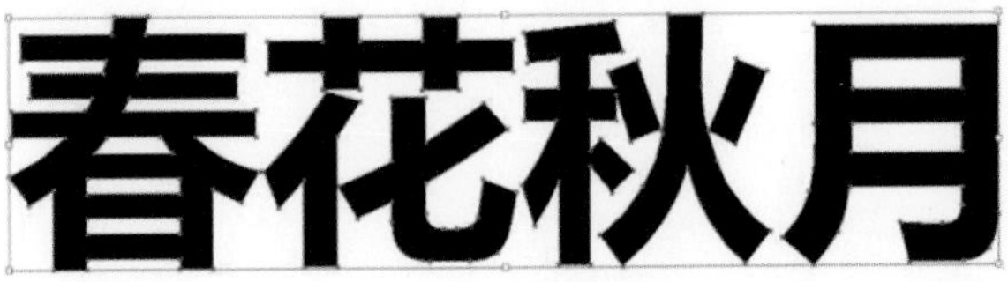

春花秋月

图 8-34 "春花秋月"轮廓图形

（3）在工具箱中找到"渐变工具"，双击"渐变工具"按钮，显示"渐变"面板，如图 8-35 所示。双击"渐变滑块"，显示"不透明度"设置面板，如图 8-36 所示。

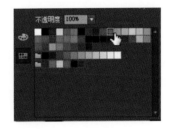

图 8-35 "渐变"面板   图 8-36 "不透明度"设置面板

（4）填充红色至黄色的渐变，渐变类型改为"径向"，效果如图 8-37 所示。

图 8-37 渐变效果

（5）选中文字，单击"倾斜工具"按钮，按住 Alt 键，倾斜点移动至下方，倾斜角度设为－120°，使原文字产生投影；选中投影，选择"渐变工具"，调整投影颜色为从灰色至透明渐变，如图 8-38 所示。

图 8-38 调整投影渐变颜色

（6）选中投影，单击鼠标右键，选择"排列"—"置于底层"，透明度调至 70%，效果如图 8-39 所示。

案例二：图案字

（1）选择"椭圆工具" ，按住 Alt＋Shift 键，从中心绘制正圆，设置为禁止填色，描边粗细为 2 pt，描边渐变色为黄色至蓝色，效果如图 8-40 所示。

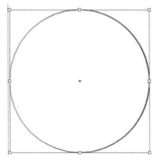

图 8-39　投影字效果　　　　　　　　　　图 8-40　绘制正圆并设置

（2）选择"旋转工具" ，按住 Alt 键，把中心点移至旋转中心点，显示"旋转"对话框，设置角度为 45°，单击"复制"按钮。按 Ctrl＋D 键再次变换。效果如图 8-41 所示。

（3）选中图案，单击"互换填色和描边"按钮，效果如图 8-42 所示；渐变类型改为"径向"，效果如图 8-43 所示。

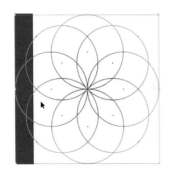 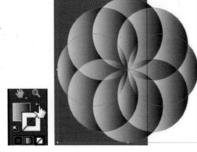 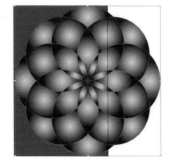

图 8-41　旋转图案并变换　　　　　图 8-42　互换填色和描边效果　　　　　图 8-43　径向渐变效果

（4）选择"文字工具" ，输入"往事随风"，单击鼠标右键，选择"创建轮廓"，如图 8-44 所示。

图 8-44　轮廓图形

（5）选择图案，执行"对象"—"栅格化"命令，打开"栅格化"对话框进行设置，如图 8-45 所示。

（6）将"往事随风"轮廓图形置于图案上方，按 Ctrl＋A 键全选文字和图案，单击鼠标右键建立剪切蒙版。最终效果如图 8-46 所示。

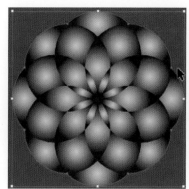

图 8-45　栅格化操作

图 8-46　"往事随风"图案字最终效果

Adobe Illustrator Jichu yu Shixun Jiaocheng

第九章
图表的制作

第一节
柱形图工具组的介绍及分类

在 Illustrator CC 中包含了系统自带的几种图表,由于在设计工作中图表几乎都会被重新设计,因此一般只需对图表工具稍做了解。

柱形图工具组如图 9-1 所示。

一、柱形图工具

(1)选择"柱形图工具" 。

(2)在画板空白处单击并按住鼠标左键向右下角方向拖动,形成一个适当大小的矩形区域后释放鼠标,所创建的矩形大小就是图表的大小。

(3)释放鼠标后,形成一个图表数据框,如图 9-2 所示。

图 9-1　柱形图工具组

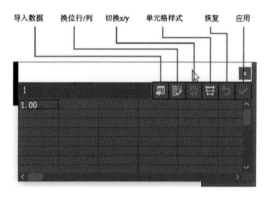

图 9-2　图表数据框

(4)单击表格,在图表数据框中输入数据。单击哪个单元格,数据就会输入对应的单元格里。通过最后完成的表格可以直观地看到输入信息的位置和它们在图表中所代表的信息,如图 9-3(a)所示。

(5)单击表格右上角的"应用"按钮,完成柱形图的创建,如图 9-3(b)。

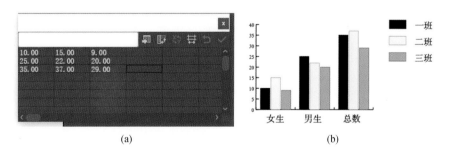

(a)　　　　　　　　　　　　　(b)

图 9-3　图表数据及柱形图

二、堆积柱形图工具

在工具箱中选择"堆积柱形图工具" ,可以创建堆积柱形图。堆积柱形图与柱形图类似,但它是将各个柱形堆积起来,而不是并列。这种图表类型可用于表示部分和总体的关系,如图9-4所示。

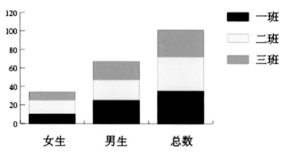

图 9-4 堆积柱形图

三、条形图工具

在工具箱中选择"条形图工具" ,可以创建条形图。条形图与柱形图类似,但它是水平放置的条形,而不是垂直放置的柱形,如图9-5所示。

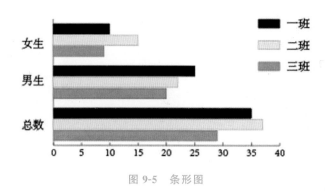

图 9-5 条形图

四、堆积条形图工具

在工具箱中选择"堆积条形图工具" ,可以创建堆积条形图。堆积条形图与条形图类似,但它是将各个条形堆积起来,而不是并列,可用于表示部分和总体的关系,如图9-6所示。

五、折线图工具

在工具箱中选择"折线图工具" ,可以创建折线图。折线图使用点来表示一组或多组数值,并且对每组数值中的点都采用不同的线段来连接,通常用于表示在一段时间内一个或多个主体的趋势,如图9-7所示。

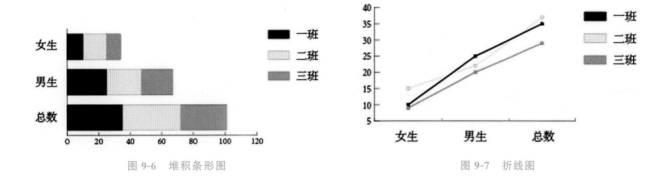

图 9-6　堆积条形图　　　　　　　　　　　　图 9-7　折线图

六、面积图工具

在工具箱中选择"面积图工具"，可以创建面积图。面积图与折线图类似，但是它强调数值的整体和变化情况，如图 9-8 所示。

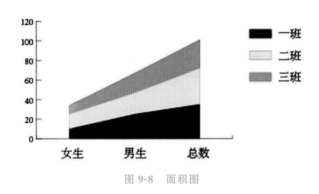

图 9-8　面积图

七、散点图工具

在工具箱中选择"散点图工具"，可以创建散点图。散点图沿 X 轴和 Y 轴将数据点作为成对的坐标组进行绘制，可用于识别数据中的图案或趋势，还可表示变量是否相互影响，如图 9-9 所示。

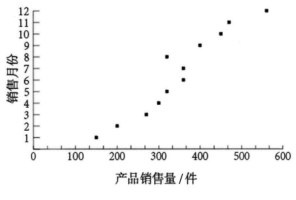

图 9-9　散点图

八、饼图工具

在工具箱中选择"饼图工具"，可以创建饼图。饼图中，饼形表示所代表的数值的相对比例，如图 9-10 所示。

九、雷达图工具

在工具箱中选择"雷达图工具"，可以创建雷达图。雷达图中可在某一特定时间点或特定类别上比较数值组，并以圆形中的刻度网格表示，因此雷达图也称"网状图"，如图 9-11 所示。

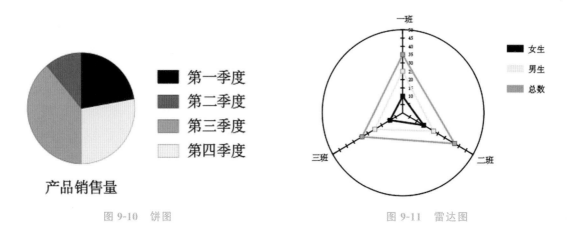

图 9-10　饼图　　　　　　　　　　　　　图 9-11　雷达图

第二节
图表的设计与制作

一、图表大小设置

设置图表的大小主要有两种方法。

方法一：在工具箱中选择任一图表工具，在需要绘制图表处按住鼠标左键，直接在页面上拖动，拖出的矩形框大小即为所创建图表的大小。

方法二：选择任一图表工具，在需要绘制图表处单击，弹出"图表"对话框，在此对话框中可以设置图表的宽度和高度。

二、图表数据输入

在图表的宽度和高度确定后，会弹出符合设计形状和大小的图表类型及图表数据输入框，进而可输入数据制作图表,如图 9-12 所示。

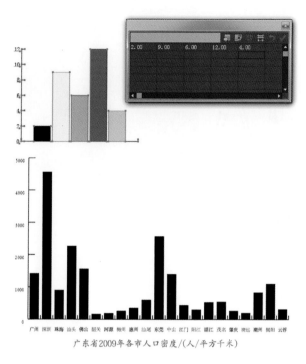

图 9-12　图表数据的输入

三、图表数据修改

使用"选择工具" ⬚ 选中图表,执行"对象"—"图表"—"数据"命令,弹出图表数据输入框,如图 9-13 所示,在此输入框中修改数据,然后单击右边的"应用"按钮▨,再关闭输入框。

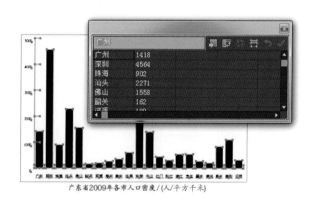

图 9-13　图表数据的修改

四、改变图表的表现形式

使用"选择工具"选中图表,执行"对象"—"图表"—"类型"命令,弹出"图表类型"对话框,如图 9-14 所示,在该对话框中可修改图表的表现形式。

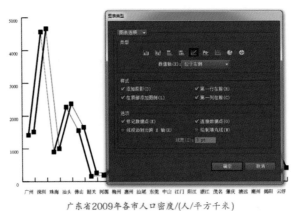

广东省2009年各市人口密度/(人/平方千米)

图 9-14　图表类型修改

第三节
实例——制作季度销售量图表

在本节中,主要通过演示一个季度销售量图表的制作,将本书中所介绍的创建编辑图表以及应用图表设计等知识点进行综合巩固。

(1)在工具箱中单击"柱形图工具"按钮▉,并将鼠标指针移至工作区中单击,打开"图表"对话框。在对话框中输入图表的"宽度"和"高度"数值,如图 9-15 所示。

(2)单击"确定"按钮,弹出图表数据输入框。在输入框中输入销售数据、销售季度类别标签和图例标签,如图 9-16 所示。

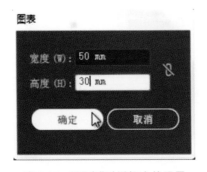

图 9-15　"图表"对话框中的设置

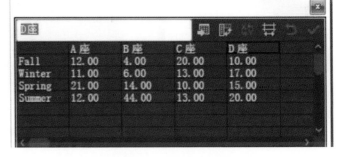

图 9-16　输入图表数据

(3)单击图表数据输入框中的"应用"按钮▉,将数据应用到图表中。然后,关闭图表数据输入框。这时的柱形图效果如图 9-17 所示。

(4)双击工具箱中的"柱形图工具"按钮▉,打开"图表类型"对话框。在对话框中单击"堆积柱形图工具"按钮▉。单击"确定"按钮,柱形图转换为堆积柱形图,效果如图 9-18 所示。

(5)双击工具箱中的"堆积柱形图工具"按钮▉,再次打开"图表类型"对话框。在对话框左上角的下拉列表中选择"数值轴",切换到"数值轴"选项组。

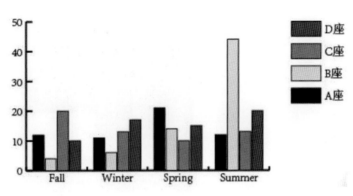

图 9-17　柱形图效果

(6)在对话框中选择"忽略计算出的值",并分别设置刻度值的数值以及刻度线的长度和数量,如图 9-19 所示。单击"确定"按钮,图表的数值轴效果如图 9-20 所示。

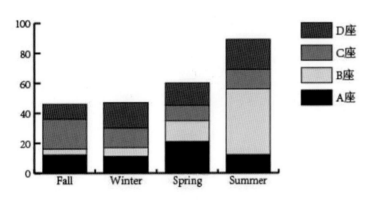

图 9-18　堆积柱形图效果

图 9-19　设置"数值轴"选项组

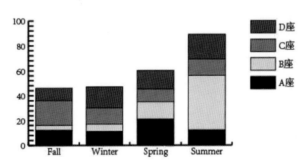

图 9-20　数值轴效果

(7)使用"矩形工具"▣、"星形工具"★和"椭圆工具"⬭在文档中绘制图形,将其填充颜色,如图 9-21 所示。

(8)选择刚绘制的图形,执行"对象"—"图表"—"设计"命令,打开"图表设计"对话框。在对话框中单击"新建设计"按钮,使所选的图形显示在预览框中,如图 9-22 所示。

(9)单击对话框中的"重命名"按钮,在弹出的重命名对话框中,将新建设计命名为"图形 1",如图 9-23 所示。单击"确定"按钮后,所绘图形被创建为图表设计"图形 1",并存储在"图表设计"对话框中。

(10)选择堆积柱形图,执行"对象"—"图表"—"柱形图"命令,打开"图表列"对话框。

图 9-21 绘制图形并填色　　　图 9-22 新建设计预览

在对话框的"选择列设计"列表中选择设计"图形 1"，并设置该设计的列以"垂直缩放"方式显示，如图 9-24 所示。

(11)单击"确定"按钮，堆积柱形图的数据将由设计"图形 1"显示，如图 9-25 所示。

图 9-23 重命名设计为"图形 1"　　　图 9-24 选择列设计并设置"列类型"

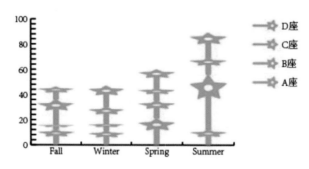

图 9-25 数据由设计"图形 1"显示

(12)选择"编组选择工具" ，单击图表中的"D 座"图例，再次单击选中整个"D 座"图例，将所有的表示 D 座数据的设计图形添加到选区，如图 9-26 所示。

(13)在"色板"面板中单击"纯黄"，使被选中的图表部分的填色被填充。由于图表设计带有矩形框，因此被填充后设计显示为矩形，如图 9-27 所示。

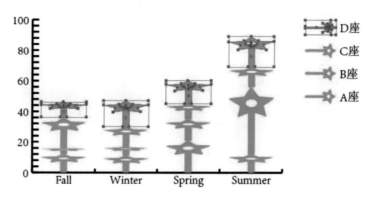

图 9-26　选中 D 座图例和 D 座所有数据设计

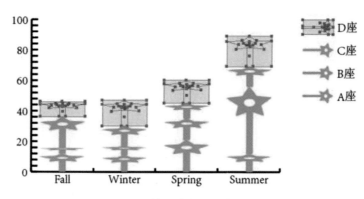

图 9-27　填充选中的图表部分

(14)选择"编组选择工具" ，依次选择设计中所附带的矩形，按 Delete 键进行删除。这时，图表的设计填充效果如图 9-28 所示。

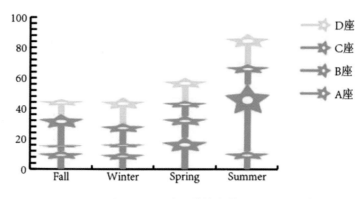

图 9-28　图表设计填充效果

(15)重复步骤(12)~(14)的操作，将其余 3 组图例和数据分别填充不同的颜色。

(16)选择"编组选择工具" ，按 Shift 键，依次单击图例标签，选中 4 个图例标签。然后，按 Ctrl+T 键，打开"字符"面板。在面板中设置字体大小为 24 pt。

(17)在工具箱中单击"文字工具"按钮 ，在工作区中单击鼠标，并输入文字"卡萨大厦 2017 年季度销售量图表"。然后，选中刚输入的文字，在"字符"面板中设置字体为"黑体"，字体大小为 7 pt。调整文字在文档中的位置后，图表效果如图 9-29 所示。

图 9-29　图表制作效果

Adobe Illustrator Jichu yu Shixun Jiaocheng

第十章
外观、图形样式与效果

第一节

外　观

Illustrator CC 中在改变物体的外观属性时只改变物体的外观,物体的结构不会发生变化,如果为一个物体添加外观属性,然后编辑、删除外观属性,或者将外观属性应用到该物体上,位于外观属性之下的物体并没有发生变化。

外观属性包括填充、边线、透明度和效果。

(1)填充:填充的属性,包括类型、颜色、透明色和效果。

(2)边线:边线的属性,包括边线类型、笔刷、颜色、透明度和效果。

(3)透明度:透明度和混合模式。

(4)效果:包含了"效果"菜单中的命令。

执行"窗口"—"外观"命令或按 Shift＋F6 键,可打开"外观"面板,查看和调整对象、组或图层的外观属性,如图 10-1 所示。

A　具有描边、填色和内发光效果的路径属性

B　路径具有某种效果

C　"添加新描边"按钮

D　"添加新填色"按钮

E　"添加新效果"按钮

F　"清除外观"按钮

G　"复制所选项目"按钮

H　"删除所选项目"按钮

图 10-1　"外观"面板

一、添加和编辑新填色

使用"选择工具" 选中对象,单击"外观"面板左下角的"添加新填色"按钮,此时"外观"面板中出现了新填色;单击"填色"右侧的下拉按钮,在弹出的颜色面板中选择颜色即可编辑新填色,如图 10-2 所示。

二、添加新描边

选中对象,单击"外观"面板左下角的"添加新描边"按钮,此时"外观"面板中出现了新描边,可调整描边颜色和描边粗细,如图 10-3 所示。

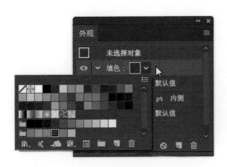
图 10-2　编辑新填色

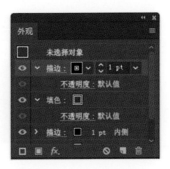
图 10-3　添加新描边

除此之外,"外观"面板菜单中还有"移去项目"、"复制项目"、"清除外观"、"简化至基本外观"、"新建图稿具有基本外观"、查看/隐藏缩览图、"重新定义图形样式"等选项,如图 10-4 所示。

图 10-4　"外观"面板菜单

第二节
图 形 样 式

"图形样式"面板是一系列外观属性的集合,是外观属性保存的结果。利用"图形样式"面板可以对物体、组和图层进行存储并设置一系列的外观属性,从而快速而一致地改变文件中线稿的外观。如果一个样式被置换(组成样式的外观属性发生了变化),施加了该样式的所有物体都会发生相应的改变。

执行"窗口"—"图形样式"命令,或按 Shift＋F5 快捷键可打开"图形样式"面板,如图 10-5 所示。

一、新建图形样式

创建一个对象,然后给对象添加效果,再选择整个对象,在"图形样式"面板的菜单中选择执行"新建图形样式"命令,并给样式命名,即可完成图形样式的新建。

二、复制和合并图形样式

复制图形样式:选择要复制的样式,在"图形样式"面板菜单中选择执行"复制图形样式"命令即可复制。

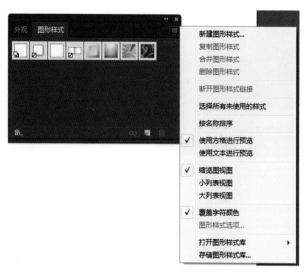

图 10-5 "图形样式"面板

合并图形样式：按住 Shift 键，选择要合并的图形样式（如果所选的不是连续性的图形样式，按住 Ctrl 键来选择），在"图形样式"面板菜单栏中选择执行"合并图形样式"命令即可合并。

三、删除图形样式

选中要删除的图形样式，在"图形样式"面板菜单中执行"删除图形样式"命令，或选中图形样式后直接拖入垃圾箱。

四、打开和保存图形样式

(一)打开图形样式

在"图形样式"面板菜单中选择"打开图形样式库"命令，如图 10-6 所示，选择需要的样式库，可使用 Illustrator CC 软件中自带的效果。

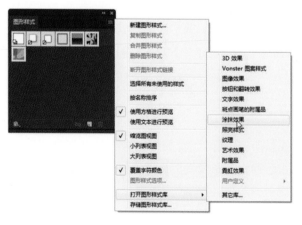

图 10-6 选择"打开图形样式库"

执行"打开图形样式库"—"其它库"命令,选择要打开的文件,可以使用自定义的效果,如图 10-7 所示。

图 10-7　选择要打开的文件

(二)存储图形样式

选择要存储的图形样式,在"图形样式"面板菜单中执行"存储图形样式库"命令,会弹出对话框,如图 10-8 所示。在对话框中输入库的名称,单击"保存"按钮即可保存图形样式。

图 10-8　"将图形样式存储为库"对话框

第三节
效果的运用

对对象应用效果后,对象不会增加新的锚点,且用户可以继续使用"外观"面板随时修改效果选项或删除该效果,如对该效果进行编辑、移动、复制等,也可以将其存储为图形样式的一部分。

可以应用效果的对象很多,包括位图、路径、组、图层、外观属性等。选择对象后,从"效果"菜单中选择一个相应的子命令,如果出现对话框,在设置相应选项后,单击"确定"按钮即可应用效果;部分子命令被选择后不出现对话框,可直接应用效果。

一、效果的基本操作

选择对象后,在"效果"菜单中选择一个命令,一般会弹出对话框,在弹出的对话框中设置相应选项,单击"确定"按钮,即可应用所选效果到对象上。

如果要修改效果,可以双击"外观"面板中列出的效果属性,在重新打开的对应效果对话框中设置所需的更改,单击"确定"按钮即可完成修改。如果要删除效果,可以在"外观"面板所列出的效果中选择要删除的效果,单击"删除所选项目"按钮即可删除所选效果。

二、效果的种类

(一)"3D"效果

应用"3D"效果可以通过二维对象创建出三维对象,并通过高光、阴影、旋转及其他属性来控制 3D 对象的外观。创建"3D"效果的方法包括凸出和斜角、绕转和旋转。

1. 凸出和斜角

选择"凸出和斜角"选项将沿 2D 对象的 Z 轴凸出拉伸对象,如图 10-9 所示。例如,选择一个 2D 圆形,应用"凸出和斜角"方法后,将使它拉伸为一个 3D 的圆柱形。执行"效果"—"3D"—"凸出和斜角"命令,即可打开"3D 凸出和斜角选项"对话框,如图 10-10 所示。

在对话框中,单击"更多选项"按钮可以查看完整的选项列表,进行以下设置。

位置:在该栏中可以设置对象如何旋转以及观看对象的透视角度。在"位置"下拉菜单中选择一个预设位置选项,直接在预览框中拖动 3D 模型,或在相应的轴的文本框中输入数值,都可以改变对象的旋转位置。

凸出与斜角:在该栏中可以确定对象的凸出厚度、斜角的类型和高度,以及添加斜角的方式。单击"开启端点"按钮,可创建实心 3D 外观,如图 10-11 所示;单击"关闭端点"按钮,可创建空心外观,如图 10-12 所示;单击"斜角外扩"按钮,可以将斜角添加至对象,如图 10-13 所示;单击"斜角内缩"按钮,可以从对象上去掉斜角,如图 10-14 所示。

图 10-9　"凸出和斜角"效果

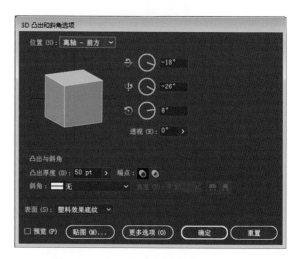
图 10-10　"3D 凸出和斜角选项"对话框

图 10-11　开启端点效果

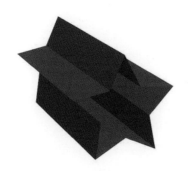

图 10-12　关闭端点效果

图 10-13　斜角外扩效果

表面:在该栏中可以创建各种形式的表面。选择"线框"表面可以为对象绘制几何形状的轮廓,并使每个表面透明,如图 10-15 所示;选择"无底纹"表面则不向对象添加任何新的表面属性,使 3D 对象具有与原始 2D 对象相同的颜色,如图 10-16 所示;选择"扩散底纹"表面能使对象以一种柔和、扩散的方式反射光,如图 10-17 所示;选择"塑料效果底纹"表面则使对象以一种闪烁、光亮的材质模式反射光,如图 10-18 所示。

光照选项:根据选择的 Illustrator CC 预设表面,可以添加一个或多个光源,以调整光源强度、环境光等,改变对象的底纹颜色。

图 10-14　斜角内缩效果

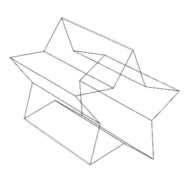

图 10-15　"线框"表面效果

图 10-16　"无底纹"表面效果

图 10-17　"扩散底纹"表面效果

图 10-18　"塑料效果底纹"表面效果

2. 绕转

选择"绕转"选项可以绕 Y 轴(绕转轴)绕转一条路径或剖面,使其做圆周运动,通过这种方法来创建 3D 对象。

首先,需要绘制一个垂直剖面。由于绕转轴是垂直固定的,因此用于绕转的开放式或闭合式路径应为所需 3D 对象面向正前方时垂直剖面的一半,如图 10-19 所示。然后,执行"效果"—"3D"—"绕转"命令,即可打开"3D 绕转选项"对话框,如图 10-20 所示。

在对话框中单击"更多选项"按钮可以查看完整的选项列表,其中可进行的 3D 设置如下(有些选项和"3D 凸出和斜角选项"对话框中的完全相同,不再重复介绍)。

角度:在该选项中可以设置 0°~360°之间的路径绕转度数。

位移:在该选项中可以设置绕转轴与路径之间的距离,可以输入 0~1000 之间的值。

自:在该选项中可以设置对象绕之转动的轴。

单击"确定"按钮,会使所绘制的剖面绕转为一个 3D 对象,效果如图 10-21 所示。

 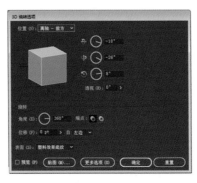 

图 10-19 绘制垂直剖面的一半   图 10-20 "3D 绕转选项"对话框   图 10-21 对象绕转 3D 效果

3. 旋转

选择"旋转"选项可以在三维空间中旋转一个 2D 或 3D 对象。首先,选中一个 2D 或 3D 对象,此处以 3D 对象为例,如图 10-22 所示。执行"效果"—"3D"—"旋转"命令,即可打开"3D 旋转选项"对话框,如图 10-23 所示。在对话框中可进行三维的旋转角度设置。单击"确定"按钮,会使所选择的对象进行相应的旋转,效果如图 10-24 所示。

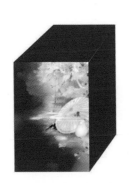  

图 10-22 选择对象   图 10-23 "3D 旋转选项"对话框   图 10-24 旋转效果

(二)"变形"效果

在"效果"菜单中,有些变形命令和前面介绍过的路径变形命令用法完全相同,生成的效果也几乎相同。不同的是,应用"效果"菜单中的效果后,效果可以成为外观属性的一部分,并可以重新进行编辑。

执行"效果"—"变形"子菜单中的任意一个变形命令,会打开"变形选项"对话框,该对话框和执行"对象"—"封套扭曲"—"用变形建立"命令后所打开的对话框完全相同。该对话框的具体使用方法可参考第五章第三节中"使用'封套扭曲'命令编辑路径"的相关介绍。

（三）"变换"效果

执行"效果"—"扭曲和变换"—"变换"命令,会打开"变换效果"对话框。该对话框和执行"对象"—"变换"—"分别变换"命令所打开的"分别变换"对话框内容几乎完全相同,选项用法也一样,具体用法可以参考第四章第三节中"图形的基本变换"的相关介绍。

不同的是,在"变换效果"对话框中增加了一个"副本"选项,在该选项的文本框中输入数值,可以使选中对象复制相应的份数或次数。例如,选择图 10-25 所示的三角形,在"变换效果"对话框中设置变换参数,如图 10-26 所示。单击"确定"按钮,三角形在被缩放和偏移的同时,复制出 3 份新的三角形,变换效果如图 10-27 所示。

图 10-25　三角形　　　　图 10-26　设置变换参数　　　　图 10-27　变换效果

（四）"栅格化"效果

执行"效果"—"栅格化"命令,打开"栅格化"对话框。该对话框和执行"对象"—"栅格化"命令所打开的对话框几乎完全相同。不同的是,执行"对象"—"栅格化"命令将永久栅格化对象;执行"效果"—"栅格化"命令可以为对象创建栅格化外观,而不更改对象的底层结构。

（五）"裁剪标记"效果

应用"裁剪标记"效果可以基于对象的打印区域创建裁剪标记。选择文档中任意一个对象,执行"效果"—"裁剪标记"命令,即可将裁剪标记添加到对象上,如图 10-28 所示。

图 10-28　裁剪标记效果

（六）"路径"效果

1. "位移路径"效果

执行"效果"—"路径"—"位移路径"命令,会打开"偏移路径"对话框。该对话框和执行"对象"—"路径"—"偏移路径"命令所打开的对话框完全相同,具体用法可参考第五章第三节中"使用'路径'菜单命令编辑路径"的相关介绍。

2. "轮廓化对象"效果

执行"效果"—"路径"—"轮廓化对象"命令和执行"文字"—"创建轮廓"命令一样,可以将文字转换为复合路径进行编辑,比如可以填充渐变色。不同的是,执行"创建轮廓"命令后的文字上将带有新的锚点,可以通过编辑这些锚点来编辑对象的路径,效果如图 10-29 所示;而执行"轮廓化对象"命令后的文字只是暂时地轮廓化,不会增加新的锚点,如图 10-30 所示,并可以在"外观"面板中删除轮廓化效果。

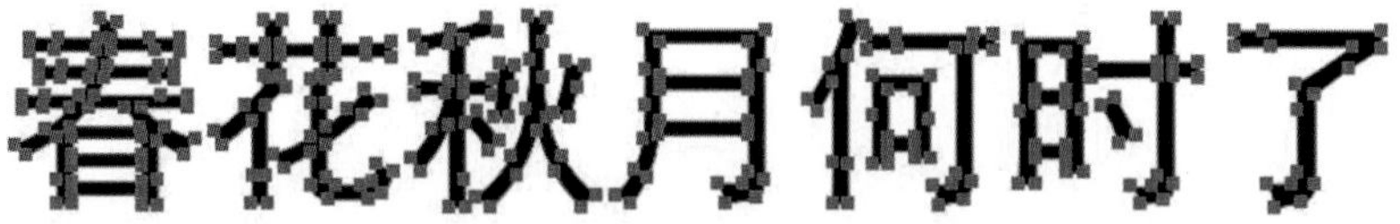

春花秋月何时了

图 10-29　"创建轮廓"命令效果

春花秋月何时了

图 10-30　"轮廓化对象"命令效果

3."轮廓化描边"效果

选择对象描边后,执行"对象"—"路径"—"轮廓化描边"命令,可以将描边转换为复合路径,从而修改描边的路径,还可以将渐变用于描边路径中。

执行"效果"—"路径"—"轮廓化描边"命令,则是将选中的描边暂时转换为复合路径。转换后的描边看起来没有变化,也不能应用渐变填色,但可以结合其他命令来编辑描边路径。例如,可对应用"轮廓化描边"效果命令的描边进行编组,并执行"效果"—"路径查找器"—"差集"命令。

(七)"路径查找器"效果

"路径查找器"系列效果命令和"路径查找器"面板中的命令效果基本相同,但它们在使用方法上略有差异。

要利用"路径查找器"面板中的命令,需要先选择多个对象,再单击面板中的运算按钮进行路径的运算。而执行"路径查找器"系列效果命令则需要先将多个对象进行编组,或将它们放置在同一个图层上,然后选择群组或图层执行"效果"—"路径查找器"中的相应命令。

(八)"转换为形状"效果

应用"转换为形状"效果可以将矢量对象的形状和位图图像转换为矩形、圆角矩形或椭圆,并使用绝对或相对尺寸设置形状的大小。

首先,选择要转换为形状的对象,如图 10-31 所示。然后,执行"效果"—"转换为形状"—"椭圆"命令,打开"形状选项"对话框,如图 10-32 所示。在对话框中,可进行以下设置。

形状:在该选项的弹出菜单中可以选择需要转换的对象形状。

绝对:点选该选项,则可以设置转换后对象的大小绝对数值,包括宽度和高度。

相对:点选该选项,则可以设置转换后对象将增加的大小数值,包括额外宽度和额外高度。

圆角半径:在"形状"选项处选择"圆角矩形"后,即可设置该选项。该选项数值表示圆角半径大小,从而可以确定圆角边缘的曲率。

单击"确定"按钮,即可将所选对象转换为相应的形状。图 10-33 所示为将图 10-31 中对象转换为椭圆形的效果。转换形状后,对象的锚点仍然保持在原始位置不变。

(九)"风格化"效果

执行"效果"—"风格化"系列效果命令,可以为选中的对象添加装饰性元素和效果,包括发光、投影、圆角等效果。

图 10-31　选择对象

图 10-32　"形状选项"对话框

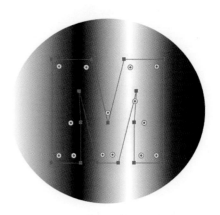

图 10-33　转换为椭圆形的效果

1. "内发光"和"外发光"效果

　　应用"内发光"效果可以在对象内边缘添加光晕效果。选择要应用效果的对象后,执行"效果"—"风格化"—"内发光"命令,打开"内发光"对话框,如图 10-34 所示。在对话框中可以在"模式"选项中选择混色模式,指定发光颜色,设置光晕的不透明度和模糊度,以及点选发光的方式。选择"中心"选项则光晕由中央产生,效果如图 10-35 所示;选择"边缘"选项则光晕由边缘产生,效果如图 10-36 所示。

　　应用"外发光"效果可以在对象外部边缘添加光晕效果,如图 10-37 所示。同样,在"外发光"对话框中,可以设置发光模式、颜色、不透明度和模糊度。

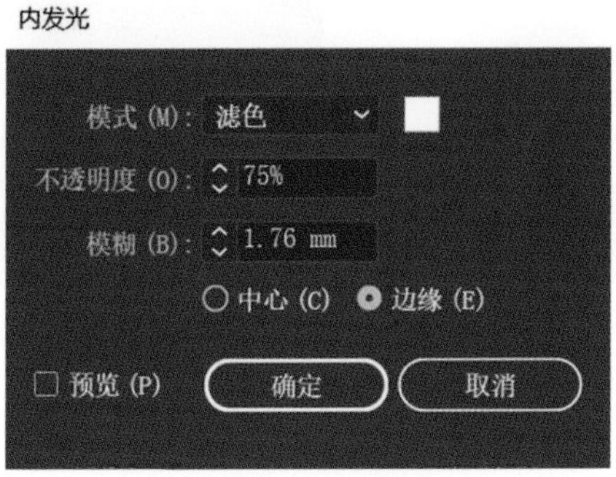

图 10-34　"内发光"对话框

图 10-35　中心发光效果

图 10-36　边缘发光效果

图 10-37　外发光效果

2."圆角"效果

应用"圆角"效果可以将矢量对象角落的控制点进行调整,使角转换为平滑的曲线,效果如图 10-38 所示。选择矢量对象后,执行"效果"—"风格化"—"圆角"命令,打开"圆角"对话框,如图 10-39 所示。在对话框中可以设置圆角的半径数值,单击"确定"按钮即可应用该效果。

3."投影"效果

应用"投影"效果可以快速地为选定对象创建投影效果,如图 10-40 所示。选择对象后,执行"效果"—"风格化"—"投影"命令,打开"投影"对话框,如图 10-41 所示。在对话框中可进行以下设置。

图 10-38　应用"圆角"效果的前后对比

图 10-39　"圆角"对话框

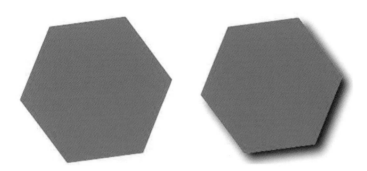

图 10-40　应用"投影"效果的前后对比

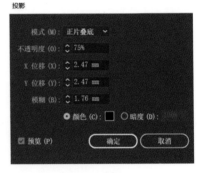

图 10-41　"投影"对话框

模式:在该选项中可以指定投影的混合模式。

不透明度:在该选项中可以指定所需投影的不透明度(百分比)。

X/Y 位移:在该选项中可以指定投影偏离对象的水平/垂直方向上的距离。

模糊:在该选项中可以设置阴影模糊的强度。

颜色:选择该选项可以指定阴影的颜色(单击后面的色块可以打开拾色器)。

暗度:选择该选项可以指定为投影添加的(黑色)深度的百分比。

单击对话框中的"确定"按钮,即可为所选对象添加相应的阴影效果。

4."涂抹"效果

应用"涂抹"效果可以使对象转换为具有粗糙质感或类似手绘笔触的效果。应用该效果的对象可以是矢量对象、群组、图层、外观属性和图形样式等。

选择要应用"涂抹"效果的对象后,执行"效果"—"风格化"—"涂抹"命令,会打开图 10-42 所示的"涂抹选项"对话框,在对话框中可进行以下设置。

设置:在该选项中可以选择 Illustrator CC 预设的涂抹模式或自定义涂抹模式。

角度:该选项数值用于控制涂抹线条的方向。

路径重叠:在该选项中可以设置涂抹线条是在路径边界内部(负值)还是偏离到路径边界外部(正值),并可在后面的"变化"选项中设置涂抹线条之间的相对长度差异。

描边宽度:该选项数值用于控制涂抹线条的宽度。

曲度:该选项数值用于控制涂抹曲线在改变方向之前的曲度,并可在后面的"变化"选项中设置涂抹曲线之间的相对曲度差异大小。

间距:该选项数值用于控制涂抹线条之间的距离,并可在后面的"变化"选项中设置间距差异变化数值。

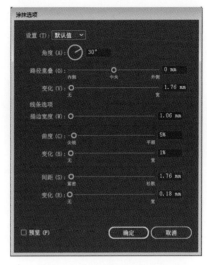

图 10-42　"涂抹选项"对话框

5. "羽化"效果

应用"羽化"效果可以使对象的边缘变得模糊,如图 10-43 所示。执行"效果"—"风格化"—"羽化"命令,在打开的"羽化"对话框中可以设置边缘的模糊距离(模糊半径),如图 10-44 所示。

图 10-43　应用"羽化"效果的前后对比

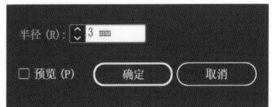

图 10-44　"羽化"对话框

第四节
实例——设计发光字

本实例中需制作的发光字如图 10-45 所示。

(1)选择"矩形工具"■,绘制矩形线框,设置为禁止填色。执行"窗口"—"外观"—"添加新描边"命令,填充洋红色,粗细设为 10 pt,效果如图 10-46 所示。

(2)选中新描边,单击"外观"面板上的"复制所选项目"按钮,复制"描边";单击颜色块,在打开的面板上单击"色板选项"按钮,打开"色板选项"对话框,设置 CMYK 值(C=0%,M=90%,Y=0%,K=0%),如图 10-47 所示,单击"确定"按钮,描边粗细改为 9 pt。

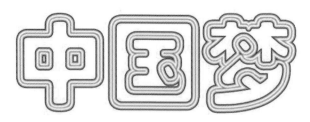

图 10-45 "中国梦"发光字

图 10-46 矩形线框效果

图 10-47 "色板选项"对话框中设置

(3)重复第(2)步操作,设置 CMYK 值(C＝0％,M＝80％,Y＝0％,K＝0％),描边粗细改为 8 pt。

(4)重复第(3)步操作,设置 CMYK 值(C＝0％,M＝70％,Y＝0％,K＝0％),描边粗细改为 7 pt。

(5)重复第(4)步操作,设置 CMYK 值(C＝0％,M＝60％,Y＝0％,K＝0％),描边粗细改为 6 pt。

(6)依次不断重复上一步操作,直至 C、M、Y、K 值均为 0％,设置描边粗细为 1 pt,如图 10-48 所示。

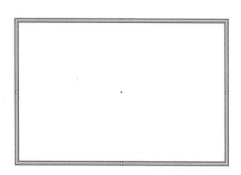

图 10-48 矩形线框描边设置后效果

(7)单击"选择工具"按钮 ，选择矩形线框,执行"窗口"—"外观"—"添加新效果"—"风格化"—"外发光"命令,显示"外发光"对话框,设置"模式"为"滤色","模糊"为"2 mm",单击"确定"按钮,效果如图 10-49 所示。

(8)选择发光矩形,执行"窗口"—"图形样式"命令,显示"图形样式"面板,如图 10-50 所示,单击"新建图形样式"按钮 。

(9)选择"文字工具" ，绘制"中国梦"字体,同时运用"选择工具" 选择字体,单击鼠标右键,选择"创建轮廓",效果如图 10-51 所示。

(10)选中"中国梦"字体轮廓图形,设置为禁止填色,执行"窗口"—"图形样式"命令,在打开的"图形样式"面板上单击第(8)步中创建的图形样式,最终效果如图 10-52 所示。

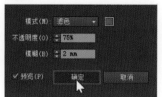

图 10-49　外发光设置及效果

图 10-50　"图形样式"面板

图 10-51　"中国梦"字体轮廓图形

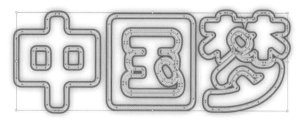

图 10-52　"中国梦"发光字最终效果

Adobe Illustrator Jichu yu Shixun Jiaocheng

第十一章
文件的优化与打印输出

第一节
文件的优化

一、文件的优化操作

执行"文件"—"导出"—"存储为 Web 所用格式"命令，会打开"存储为 Web 所用格式"对话框。在该对话框中，可以设置优化选项、预览 Web 图形的优化结果并存储 Web 图形。

(一)优化预览

在"存储为 Web 所用格式"对话框顶部，Illustrator CC 提供了原稿、优化、双联三种文件预览方式。可以单击对话框顶部的选项卡选择预览方式，如图 11-1 所示，并在对话框左半部进行预览。这三种预览方式具体说明如下。

原稿：该预览方式显示文件在优化前的原始外观，并在预览窗口底部显示文件的原始大小。

优化：该预览方式显示文件经过最佳优化后的外观，并显示优化后的文件大小。

双联：该预览方式有两个预览窗口，可以同时显示文件优化前和优化后的外观效果，使用户可以比较优化的效果和文件大小。

图 11-1　预览窗口

(二)优化文件格式

在预览窗口中选择需要进行优化的切片后，在"存储为 Web 所用格式"对话框右部的"预设"选项组中可

选择一种 Illustrator CC 默认的优化类型,预设类型如图 11-2 所示。如果选取的预设优化设置不能满足用户的需要,用户还可以设置其他优化选项。

选择预设类型后,在优化的"文件格式"选项的下拉菜单中还有其他压缩文件格式可供选择,包括位图格式(GIF、JPEG、PNG-8 和 PNG-24,如图 11-3 所示,以及 WBMP)和矢量格式(SVG 和 SWF)等。

GIF:该格式是用于压缩具有单调颜色和清晰细节的图像(如线状图、徽标或带文字的插图)的标准格式。

JPEG:该格式是用于压缩连续色调图像(如照片)的标准格式。将图像优化为 JPEG 格式,系统将有选择地扔掉数据,属于有损压缩。

PNG-8:该格式和 GIF 格式一样,在保留清晰细节的同时,高效地压缩实色区域;但并不是所有的 Web 浏览器都能显示 PNG-8 文件。

PNG-24:该格式适合用于压缩连续色调图像,并可在图像中保留多达 256 个透明度级别,但会生成比较大的图像文件。

WBMP:该格式是用于优化移动设备(如手机)图像的标准格式。但 WBMP 支持 1 位颜色,只包含黑色和白色像素。

SVG:该格式是可以将图像描述为形状、路径、文本和滤镜效果的矢量格式,生成的文件在 Web 和打印设备上甚至在手持设备中都可提供高品质的图形。

SWF:该格式是 Macromedia Flash 文件专用格式,是基于矢量图形的文件格式,它常用于创建适合 Web 的可缩放的小型图形,尤其适用于动画帧的创建。

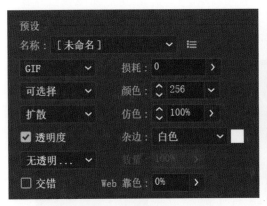

图 11-2　预设类型　　　　　　　　　　　　　图 11-3　优化的文件格式

(三)创建和删除优化预设

除了选择 Illustrator CC 默认的优化预设,还可以将手动调整的优化设置存储为一个预设。单击"预设"选项右边的菜单图标▦,在弹出式菜单中选择"存储设置"命令,在弹出的"存储优化设置"对话框中可命名此设置,并选择存储位置。默认情况下,优化设置存储在 Illustrator CC 应用程序文件夹内的"预设/存储为 Web 所用格式设置/优化"文件夹中。

如果要删除预设,从"预设"的弹出式菜单中选择"删除设置"命令即可。

(四)优化文件大小

单击"预设"选项右边的菜单图标▦,在弹出菜单中选择"优化文件大小"命令,打开"优化文件大小"对话框,如图 11-4 所示。在对话框中首先可以输入所需的文件大小数值,并选择"起始设置"下的选项。选择

"当前设置"表示使用当前的文件格式;选择"自动选择 GIF/JPEG"表示使用 Illustrator CC 自动选择的格式。然后,设置"使用"下的选项来指定希望 Illustrator CC 如何对图稿中的切片应用文件大小。最后,单击"确定"按钮退出对话框。

(五)优化操作

在"存储为 Web 所用格式"对话框中选择 Illustrator CC 默认的优化类型,并调整相应的优化设置后,还可以继续进行颜色、图像大小和图层的优化。在对话框的右下部,可以通过单击"颜色表""图像大小"等选项来显示相应的选项,并进行设置。

设置优化选项时,优化的结果将直接显示在当前选择的优化预览窗口中。可以通过预览结果来调整优化设置,直至达到最满意的效果和图像压缩大小。

完成优化设置后,单击"存储"按钮,打开"将优化结果存储为"对话框。在对话框中,设置文件的名称、保存类型和保存路径,并单击"保存"按钮,可将优化文件保存到相应路径下。

图 11-4　"优化文件大小"
对话框

二、优化格式和品质

Illustrator CC 中包括多种预设类型和压缩文件格式,其中 GIF 预设选项和 JPEG 预设选项是最常用的格式。选定预设类型和文件格式后,即可进一步对文件品质进行微调。

(一)GIF 预设选项

选择 GIF 预设类型或 GIF 文件格式后,对话框中显示的 GIF 选项如图 11-5 所示。

图 11-5　GIF 预设选项

GIF 的优化选项具体如下。

损耗:设置该选项可以通过有选择地扔掉数据来压缩文件大小。该选项数值越大,文件越小,通常可使文件大小减少 5%～40%。

减低颜色深度算法:利用该选项可以指定生成颜色表的方法。可以选择下列减低颜色深度算法之一。

①可感知:以人眼比较灵敏的颜色为优先来创建颜色表。

②可选择:所产生的颜色和"可感知"颜色表近似,但该颜色表具有最多颜色组合,可以产生较佳的效果,是默认设置。

③随样性:通过从色谱中提取图像中最常出现的色样来创建自定颜色表。例如,对只包含绿色和蓝色的图像会产生主要由绿色和蓝色构成的颜色表。

④受限(Web):根据标准 216 色颜色表来生成颜色表,可以使图像颜色在不同的浏览器上呈现。

⑤自定:选择该算法后,用户可以自己搭配颜色,来产生自定义颜色表。

颜色:在该选项中可以设置颜色表中颜色的最大数目。

指定仿色算法:利用该选项可以设置仿色方法,以模拟计算机的颜色显示系统中未提供的颜色。可以选择下列仿色算法之一。

①扩散:将产生不规律的杂点在相邻像素间扩散。指定该算法后,可在"仿色"选项中设置仿色数量。

②图案:将产生网点方形图案来模拟颜色。

③杂色:将在所有图像上无接缝地产生不规律的随机图案。

透明度:选择该选项,则文件将以透明背景的方式输出;反之则以不透明的底色输出。

杂边:单击该选项右侧的色块,可以在弹出的拾色器中选择一种颜色作为和网页背景匹配的杂边颜色来模拟透明度。

指定透明度仿色算法:在该选项下拉菜单中可以选择一种透明度图像仿色方式,使半透明图像在网页中以相应方式来显示。如果设置的仿色算法为"扩散透明度仿色",则可以在"数量"选项中设置透明度仿色数量。

交错:选择该选项,可以在图像的下载过程中使图像在浏览器中先以低分辨率版本显示,这样,用户可了解到下载正在进行;但是也会增加文件大小。

Web 靠色:利用该选项可以设置将颜色转换为最接近的 Web 颜色的容差级别,数值越大,转换的颜色越多。

(二)JPEG 预设选项

选择 JPEG 预设类型或 JPEG 文件格式后,对话框中显示的 JPEG 选项如图 11-6 所示。

图 11-6　JPEG 预设选项

JPEG 的优化选项具体如下。

优化:选择该选项可以创建略小的增强型 JPEG 文件,以获得最大文件压缩量。

压缩品质:在该选项中可以设置压缩的级别。

品质:该数值设置得越大,压缩算法保留的细节越多,但生成的文件也越大。

连续:选择该选项可以创建在网页浏览器中逐渐叠加显示的图像,使用户在整个图像下载完毕之前能够看到图像的低分辨率版本。

模糊:利用该选项可以指定应用于图像的模糊量,从而减少图像的噪点,避免产生不自然感。

ICC 配置文件:选择该选项可以保留图稿的 ICC 配置文件,用于色彩校正。

杂边:利用该选项可以设置透明像素的填充颜色,从而混合透明像素。

三、优化颜色表和图像大小

在"存储为 Web 所用格式"对话框右下部可以选择相应的选项对颜色和图像大小进行优化设置。

(一)颜色表

在"颜色表"调板中,显示优化设置中所选用的颜色表系统和颜色数目所对应的颜色,如图 11-7 所示。同时,在调板中还可以自定义优化 GIF 和 PNG-8 图像中的颜色,进行添加、删除、转换和锁定颜色等操作,具体如下。

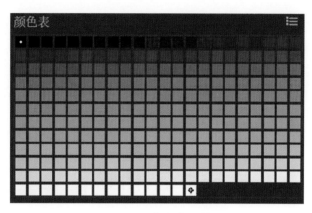

图 11-7　"颜色表"调板

添加颜色:选择对话框左部的"吸管工具" ，单击预览图像中的颜色,或者单击"吸管颜色"按钮 ，在弹出的拾色器中选择一种颜色,然后单击"颜色表"调板中的"将吸管颜色添加到色盘中"按钮,可添加颜色。如果颜色表已包含最大颜色数目,则不能添加颜色。

更改颜色:双击要更改的颜色,并在弹出的拾色器中选择一种颜色即可。

删除颜色:选择要删除的颜色并单击"删除选中的颜色"按钮即可。

转换颜色:如果要将颜色转换为网页安全颜色,可在选择颜色后单击"将选中的颜色转换/取消转换到 Web 调板"按钮 。如果要取消颜色的转换,可以选中颜色后再次单击该按钮。

锁定颜色:为了防止颜色从颜色表中被删除,可以选择此颜色并单击"锁定选中的颜色以防止掉色"按钮 。如果要解锁颜色,可再次单击该按钮;如果要解锁所有颜色,在调板的弹出菜单中选择"解锁全部颜色"命令即可。

排序:如果要对颜色表中的颜色进行排序,可以在调板的弹出菜单中选择一个排序命令,包括按色相、明度或普及度排序的方式,从而更轻松地查看图像的颜色范围。

存储颜色表:如果要存储颜色表,在调板的弹出菜单中选择"存储颜色表"命令,在弹出的"存储颜色表"对话框中设置存储选项并进行保存即可。

载入颜色表:如果要载入颜色表,在调板的弹出菜单中选择"载入颜色表"命令,在弹出的"载入颜色表"对话框中选择颜色表文件并单击"打开"按钮即可。

(二)图像大小

如果需要调整图像的输出像素尺寸,可以调整"图像大小"组中的选项,如图 11-8 所示,用户可以设置新的像素尺寸和指定调整图像大小的百分比等。设置完选项后,单击"存储"按钮即可存储应用新设置的尺寸。

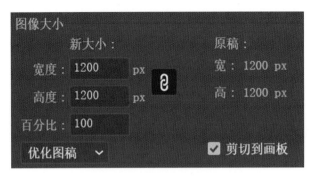

图 11-8　"图像大小"选项组

部分选项具体介绍如下。

保留原始图像比例:选中该按钮可以保持像素宽度和高度的当前比例。

优化图稿:选择该选项可消除图像中的锯齿边缘。

剪切到画板:选择该选项,可以使图像大小匹配文档的画板边界,画板边界外部的图像将被删除。

第二节
画板裁切的使用

单击工具箱中的"画板工具"按钮 ,使该工具处于激活状态,可灰显裁切画板,如图 11-9 所示。此时可以用鼠标根据自己需要进行上、下、左、右方向的调整,修改调节画板大小,然后直接按 Esc 键退出画板裁切设置。双击按钮 ,会弹出图 11-10 所示对话框。

图 11-9　画板裁切

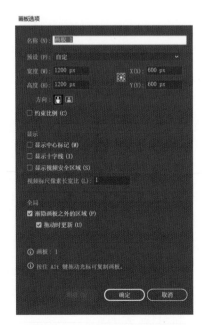

图 11-10　"画板选项"对话框

在对话框中，可进行以下设置。

预设：在"预设"下拉菜单中，可选择裁剪区域大小预设。

宽度/高度：可以自定义设置裁剪区域的大小。

方向：可以设置裁剪区域为横向或竖向。

约束比例：可以将宽度和高度的当前比例锁定，从而不能更改。

参考点：可以重新指定"X"和"Y"值，从而精确定义裁剪区域的位置。

显示中心标记：选择该选项，在裁剪区域中心将显示一个标记点。

显示十字线：选择该选项，将显示裁剪区域每条边中心的十字线。

显示视频安全区域：选择该选项，将显示视频参考线。该参考线的内部范围即为导出视频后可查看的视频区域。

视频标尺像素长宽比：该选项数值用来指定用作裁剪区域标尺的像素长宽比。

渐隐画板之外的区域：若选择该选项，在选择"画板工具"后，画板区域之外的区域显示比画板区域内的区域暗。

拖动时更新：若选择该选项，在拖动裁剪区域以调整其大小时，裁剪区域之外的区域变暗；若不选该选项，在拖动裁剪区域时，外部区域与裁剪区域内部的颜色显示相同。

第三节
文件的输出和打印

本节主要介绍打印的基础知识，以及如何在 Illustrator CC 中设置打印、分色等选项，从而以最佳的方式将作品打印出来。

一、印刷的基础知识

印刷是指使用印版或其他方式，将图稿上的图文信息转移到承印物上的工艺技术。在打印输出前，了解印刷的相关基础知识是很有必要的。

（一）印刷的分类

平版：印版的图文部分和空白部分在同一个平面上的印刷方式。当下平版印刷的代表印刷方式是胶版印刷，已经在我国的印刷业中占据了主导地位。

凸版：印版上的图文部分高于空白部分的印刷方式，如活字版、铅版、铜锌版、感光性树脂版等印刷方式。

凹版：一般指钢版印刷，即印版上图文部分比空白部分低的印刷方式，在高档印刷（如人民币等有价证券的印刷）上有很广泛的应用。

孔版：又称丝网印刷，图文部分是由大小不同（或是大小相同）但单位面积内数量不等的网孔印成，油墨在印刷时通过这些网孔到达承印物表面完成图像的转移。在印刷数量较小的情况下，孔板印刷具有价格低、制作速度快、效果清晰、防水、防紫外线、色彩饱和明快的优点，适用于各种印刷介质。

(二)分色

在印刷机上印制彩色文档,首先会分解为 CMYK 原色以及任何要应用的专色,该过程称为分色。在计算机印刷设计或平面设计类软件中,分色工作就是将扫描图像或其他来源的图像的色彩模式转换为 CMYK 模式。用来制作印版的胶片则称为分色片。

Illustrator CC 支持用两种常用的模式创建分色——基于主机分色或光栅图像处理器分色。这两种模式的主要区别在于分色的创建位置,是在主机计算机(使用 Illustrator CC 和打印机驱动程序的系统)还是在输出设备的光栅图像处理器(RIP)中。

在基于主机的分色工作流程中,Illustrator CC 为文档所需的每种分色创建 PostScript 数据,然后将该信息传到输出设备;在基于 RIP 的较新型工作流程中,由新一代 PostScript RIP 来完成分色、陷印甚至 RIP 的颜色管理,可选择主计算机来完成其他任务,这样缩短了 Illustrator CC 生成文件的时间,并使数据传输量降到了最低。

(三)专色

专色是在一次印刷过程中只印刷一次的颜色。它可以是 CMYK 色域中的颜色,也可以是色域外的颜色。在以下情况下适合使用专色印刷:

(1)在单色或双色印刷任务中要节约经费。

(2)印刷徽标或其他需要精确配色的图形。

(3)印刷需要特殊颜色的油墨,例如金属色、荧光色或珠光色等。

(四)药膜和图像曝光

药膜是指打印胶片或纸张上的感光层。药膜的向上(正读)是指面向感光层看时图像中的文字可读;向下(正读)是指背向感光层看时文字可读。一般情况下,印在纸上的图像是向上(正读)打印,而印在胶片上的图像则通常为向下(正读)打印。

要分辨所看到的是药膜面还是非药膜面,需在明亮的光线下检查最终胶片。暗淡的一面是药膜面,光亮的一面是非药膜面。

图像曝光是图稿作为正片打印还是作为负片打印的决定性因素。通常,不同印刷商的要求不同。

(五)打印机分辨率和网线频率

打印机分辨率以每英寸产生的墨点数(dpi)来进行度量。大多数激光打印机的分辨率为 600 dpi;而照排机的分辨率为 1200 dpi 或更高。喷墨打印机所产生的实际上不是点而是细小的油墨喷雾,大多数喷墨打印机的分辨率都在 300～720 dpi 之间。

网线频率是打印灰度图像或分色稿所使用的每英寸半色调网点数,又叫网屏刻度或线网数,以半色调网屏中的每英寸线数(lpi,即每英寸网点的行数)来进行度量。采用较高的线网数(例如 150 lpi),可密集排列构成图像的点,使印刷机上印出的图像渲染细密;而采用较低的线网数(60～85 lpi)会较疏松地排列这些点,使印出的图像较为粗糙。另外,线网数还决定着这些点的大小,线网数较高时使用较小的网点;而线网数较低时则使用较大的网点。

高分辨率照排机提供可用线网数的范围比较宽泛,可以匹配不同的分辨率;而低分辨率打印机一般只有几种线网可选,常采用线网数介于 53～85 lpi 之间的粗网屏。较粗的网屏可以在较低分辨率的打印机上获得最佳效果。

(六)纸张的规格

通常把一张按国家标准分切好的平板原纸称为全开纸。以不浪费纸张、便于印刷和装订生产作业为前提,把全开纸裁切成面积相等的若干小张,裁成多少张就称为多少开,如报纸、挂图等常为对开、四开和八开等;将它们装订成册,册子大小则称为对应开本。

由于国际、国内的纸张幅面有几个不同系列,因此虽然它们都被分切成同一开数,但其开本规格的大小却不一样,装订成书后,书的尺寸也不同。

(七)印刷的后期加工

1. 装订

常见的装订方法有平装、精装、线装等。许多的书籍都是平装,成本低,应用范围广泛。精装适用于高级礼品书籍装帧。线装是我国传统的一种装订方法,具有中华民族特有的风格。

2. 包装的表面加工

对包装的表面进行上光、上蜡、压膜等加工不仅可以提高印刷品表面的耐用性,还可以提高印刷品的档次。

3. 包装加工

包装加工是指采用复合材料(如玻璃纸)、铝箔等对外包装盒、包装箱等再次进行包装,使包装既能很好地保护商品,又方便实用。

(八)常用的印刷纸种类

1. 铜版纸

将颜料、黏合剂和辅助材料制成涂料,经专用设备涂布在纸板表面,经干燥、压光后在纸面形成一层光洁、致密的涂层,可以获得印刷性能良好的铜版纸。铜版纸多用于书籍封面、标签、纸盒等的制作,是常用纸张,表面光泽度好,适合实现各种色彩效果。铜版纸定量为 $70\sim250\ \mathrm{g/m^2}$,分单面涂料纸和双面涂料纸,品种甚多,多以平张纸形式供货。

2. 胶版纸

胶版纸主要是指单面胶版印刷纸,纸面洁白光滑,但白度、紧度、平滑度低于铜版纸。超级压光的胶版纸平滑度、紧度比普通压光的胶版纸好,印上文字、图案后可在黄板纸上裱糊,做成纸盒。

铜版纸和胶版纸常作为印刷纸使用。印刷纸是指专供印刷用的纸,按用途不同可分为新闻纸、书刊用纸、封面纸、证券纸等;按印刷方法不同可分为凸版印刷纸、凹版印刷纸、胶版印刷纸等。印刷纸幅宽有 1575 mm、1562 mm、880 mm、787 mm 等规格。

3. 商标纸

商标纸纸面洁白,印刷性能良好,一般用于制作商标。

4. 牛皮纸

牛皮纸包括箱板纸、水泥袋纸、高强度瓦楞纸、茶色纸板等。牛皮纸是用针叶木硫酸盐本色浆制成的质地坚韧、强度大、纸面呈黄褐色的高强度包装纸,从外观上可分成单面光、双面光、有条纹、无条纹等品种,质量要求稍有不同。牛皮纸主要用于制作小型茶色纸袋、文件袋和工业品、纺织品、日用百货的内包装。牛皮纸常分为 U、A、B 三个等级。

(1)瓦楞纸。

瓦楞纸在生产过程中被压制成瓦楞形状,制成瓦楞纸板以后它将提供纸板弹性平压强度,并且影响垂直压缩强度等性能。瓦楞纸应纸面平整,厚薄要一致,不能有折皱、裂口和窟窿等纸病,否则会增加生产过程的断头故障,影响产品质量。

(2)纸袋纸。

茶色纸袋纸常为牛皮纸,大多以针叶木硫酸盐浆来生产;国内也有掺用部分竹浆、棉秆浆、破布浆生产纸袋纸的。纸袋纸机械强度很高,一般用来制作水泥、农药、化肥及其他工业品的包装袋。为适合水泥灌装时的要求,水泥袋纸要求有一定的透气性和较大的伸长率。

5. 玻璃纸

玻璃纸是一种广泛应用的内衬纸和装饰性包装用纸。它的透明性使人对内装商品一目了然,表面涂塑以后又具有防潮、不透水、不透气、热封等性能,对商品起到良好保护作用。与普通塑料膜比较,它有不带静电、防尘、防扭结性好等优点。玻璃纸有白色、彩色等。

6. 白卡纸

白卡纸是一种平板纸,它表面平滑,质地坚挺。

7. 白纸板

白纸板分为双面白纸板和单面白纸板。双面白纸板一般只用于高档商品包装,而一般纸盒采用单面白纸板。白纸板常用于制作香烟、化妆品、药品、食品、文具等商品的外包装盒。

8. 复合纸

用黏合剂将纸、纸板与塑料、铝箔、布等其他层黏合起来,得到复合纸。复合纸不仅能改善纸和纸板的外观性能和强度,而且能提高防水、防潮、耐油、密封(保香)等性能,同时还会获得热封性、阻光性、耐热性等。生产复合纸有湿法、干法、热熔法和挤出复合法等工艺方法。

9. 防潮纸

防潮纸是在两层原纸中间涂上柏油而制成的包装纸,曾经主要供包装卷烟防潮用,也可用作水果包装。

防潮纸具有一定的防潮能力,其防潮率在 15% 以上。好的防潮纸涂布均匀,黏合牢固,没有纸层脱裂及柏油渗透现象,耐热度不低于 85 ℃,没有臭味。

二、打印准备

在打印输出图像前,需要进行一些准备工作,以避免打印时出现意外。

(一)清除不可打印对象

在 Illustrator CC 中只打印画板中的内容,可以将画板界限外的内容进行删除。另外,文档中的空文本路径、游离点和未上色对象会增加文档的大小,打印机加载这些不能显示的数据,也会造成不必要的浪费。执行"对象"—"路径"—"清理"命令,在打开的"清理"对话框中选择所有的复选框,单击"确定"按钮即可清除这些不能显示的对象。

(二)降低图形复杂程度

在图形的路径比较复杂时,在保持一定精度的情况下,可以适当地减少路径的锚点来简化图形,从而加快打印速度。选择需要简化的图形后,执行"对象"—"路径"—"简化"命令,在打开的"简化"对话框中可以调整路径的曲线精度和角度阈值。

(三)设置颜色模式

用数字相机拍摄的图像和网上下载的图片大多为 RGB 模式。如果要印刷,必须进行分色,分成黄、洋红、青、黑四种颜色(CMYK 模式),这是印刷的基本要求。

如果文档为 RGB 模式,可以执行"文件"—"文档颜色模式"—"CMYK 颜色"命令将其转换为 CMYK 模式以适合打印。如果图稿中包含渐变、网格和颜色混合,则应对其进行优化,以使其平滑打印。

三、打印设置和操作

在完成打印前的准备工作后,执行"文件"—"打印"命令或按下 Ctrl+P 键,即可打开"打印"对话框,从而进一步进行打印设置,如图 11-11 所示。在对话框中,有些选项为灰色显示,处于不可选的状态,这表示在系统中没有安装支持该选项的 PPD 文件。

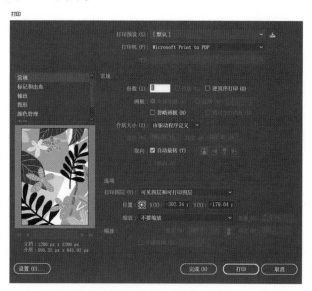

图 11-11　"打印"对话框

在"打印"对话框的顶部是打印公共选项,在这三个选项中可以分别设置打印预设、打印机的类型和PostScript 打印机描述 PPD(PostScript printer description)文件。

在对话框的左上部是打印选项卡,通过单击这些选项卡名称,可以在对话框的右部显示相应的打印选项。选择"小结"选项卡可以查看和存储打印设置小结。

在对话框的左下部是打印预览窗口,显示打印图稿、打印机标记、画板范围等内容。在预览窗口中单击并拖移可以移动图稿,改变其在纸上的打印位置。

设置完所有的打印选项并连接打印机后,单击"打印"按钮,即可开始图稿的打印输出。

(一)"常规"选项卡

在"常规"选项卡中可以设置页面大小和方向,指定页数、缩放图稿和选择要打印的图层等,如图 11-12 所示。

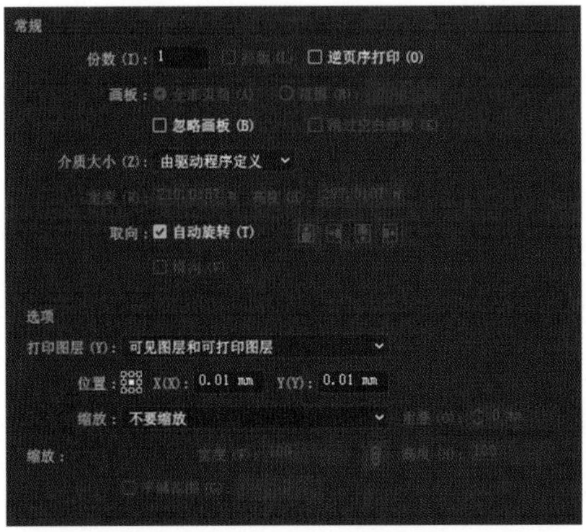

图 11-12 "常规"选项卡

在"常规"组中可以设置打印的份数、如何拼合副本以及按什么顺序打印页面。选择"忽略画板"选项,可以在一页中打印所有画板上的图稿;如果图稿超出了页面边界,可以对其进行缩放和拼贴。如果要打印一定范围的页面,可选择"范围"选项,然后在文本框中输入以连字符分隔的数字来定义相邻的页面范围,或者输入用逗号分隔的不相邻的页面数。

在"介质大小"组中可以设置打印的页面大小和页面方向。如果打印机的 PPD 文件允许,可以在"介质大小"选项的下拉列表中选择"自定",这样可以在"宽度"和"高度"文本框中指定页面大小。

单击勾选"自动旋转",打印机将默认设置页面方向。取消选择"自动旋转",可以在右侧选择设置页面方向。选择按钮为纵向打印并头朝上;选择按钮为横向打印并向左旋转;选择按钮为纵向打印并头朝下;选择按钮为横向打印并向右旋转。选择"横向"复选框,可以使打印图稿旋转 90°。

在"选项"组中可以选择要打印的图层和设置缩放图稿。单击"位置"图标上的控制点,可以更改图稿在页面上的位置。如果要自定义图稿的位置,可以在原点"X"和原点"Y"中输入相应的 X 轴和 Y 轴数值。在"缩放"选项处选择"不要缩放"可禁止图稿缩放;选择"调整到页面大小"可以使图稿自动缩放以适合页面;选择"自定"可以激活"宽度"和"高度"文本框。在"宽度"和"高度"文本框中输入 1～1000 之间的数值,单击"保持间距比例"图标可使宽高值相同。在默认情况下,Illustrator CC 在一张纸上打印图稿;然而,如果图稿超过打印机上的可用页面大小,那么可以将其打印在多张纸上。选择"拼贴整页"可以将图稿分割成若干个适合的完整页面,不打印部分页面;选择"拼贴可成像区域"可以打印全部图稿所需的部分。如果选择"拼贴整页",还可以设置"重叠"选项以指定页面之间的重叠数值,并激活"宽度"和"高度"文本框,从而设置分割打印图稿区域的数量。选择"平铺范围"可以将图稿设置打印在多张纸上。在"打印图层"的下拉列表中可以选择需打印的图层对象。

(二)"标记和出血"选项卡

在"标记和出血"选项卡中可以选择印刷标记与创建出血等,如图 11-13 所示。

为打印图稿,打印设备需要几种标记来精确套准图稿元素并校验正确的颜色。这时,可以在图稿中添加几种印刷标记,如图 11-14 所示。

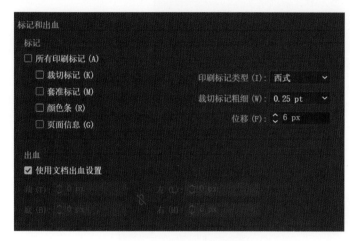

图 11-13　"标记和出血"选项卡

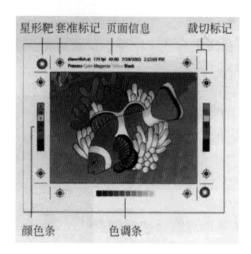

图 11-14　印刷标记

在"标记和出血"选项卡中选择"标记"组中的复选框则可添加相应的标记,具体如下。

裁切标记:该标记指水平和垂直细标线,用来确定对页面进行修边的位置。

套准标记:该标记指页面范围外的小靶标,用于对齐彩色文档中的各分色。

颜色条:该标记由彩色小方块组成,表示 CMYK 油墨和色调灰度(以 10% 增量递增)。打印时,可以使用这些标记调整打印机上的油墨密度。

页面信息:该标记指胶片打印的文件名、输出时间(含日期)、所用线网数、分色网线角度以及各个版的颜色,常位于图像上方。

出血指在印刷边框或者裁剪标记和裁切标记之外部分的图稿量。如果把出血作为允差范围包括到图稿中,可以保证在页面切边后仍可把油墨打印到页边缘。在"顶""左""底""右"文本框中输入相应值,可以指定出血标记的位置。单击"使所有设置相同"图标可使这些值相同。

(三)"输出"选项卡

在"输出"选项卡中可以设置分色模式,并为分色指定药膜、图像曝光和打印机分辨率,如图 11-15 所示。

选择"将所有专色转换为印刷色"选项可以将所有专色都转换为印刷色,以使其作为印刷色版的一部分而非在某个分色版上打印;选择"叠印黑色"选项可以叠印所有黑色油墨。

在"文档油墨选项"列表中显示了打印的色版。单击色版名称旁边的打印机图标,即可禁止打印该颜色,再次单击可恢复打印该颜色。单击专色色版旁边的专色图标,可以将该专色转换为印刷色,使四色印刷图标出现。再次单击可将该颜色恢复为一种专色。如果双击油墨的名称,可以进行更改印版的网线频率、网线角度和网点形状等操作。

图 11-15 "输出"选项卡

(四)"图形"选项卡

在"图形"选项卡中可以设置路径、字体、PostScript 文件、渐变、网格和混合的打印选项,如图 11-16 所示。

图 11-16 "图形"选项卡

在"路径"组中可设置图稿中的曲线精度。PostScript 解译器将图稿中的曲线定义为小的直线段,线段越小,曲线就越精确。根据打印机及其所含内存量不同,如果一条曲线过于复杂会使解译器无法栅格化曲线,就会导致曲线不能打印。取消选择"自动"选项,可以使用"平滑度"滑块设置曲线的精度。"品质"较高可创建较多且较短的直线段,从而更接近精确曲线。"速度"较高,则会产生较长且较少的直线段,使曲线精度较低,却提高了印刷速度和性能。

在"字体"组中可以设置图稿中的字体下载选项。打印机驻留字体是存储在打印机内存中或与打印机相连的硬盘上的字体。只要字体安装在计算机的硬盘上,Illustrator CC 就会根据需要下载字体。在"下载"选项中选择"无",适合字体驻留打印机的情况;选择"子集"则只下载文档中用到的字符,适用于打印单页文档或文本不多的短文档的情况;选择"完整"则在打印开始时便下载文档所需的所有字体,适用于打印多页文档的情况。

在"选项"组中可以更改在打印 PostScript 或 PDF 文件时 PostScript 的级别或文件的数据格式。在"PostScript"选项中,可以选择对 PostScript 输出设备中解译器的兼容级别,选择"语言级 2"可提高打印速度和输出质量,"语言级 3"在 PostScript 输出设备上可提供最高速度和输出质量。

如果选择"Adobe PostScript® 文件"作为打印机,可以设置"数据格式"选项来指定 Illustrator CC 从计算机向打印机传送图像数据的方式。选择"二进制"可以把图像数据导出为二进制代码,这比 ASCII 代码更紧凑,却不一定与所有系统兼容;而选择"ASCII"可以把图像数据导出为 ASCII 文本,与较老式的网络和并行打印机都可以兼容。

(五)"颜色管理"选项卡

在"颜色管理"选项卡中可以选择打印颜色的配置文件和渲染方法等,如图 11-17 所示。

图 11-17 "颜色管理"选项卡

在"颜色处理"选项中,可以选择在应用程序中还是在打印设备中使用颜色管理。

在"打印机配置文件"选项中,可以选择与输出设备和纸张类型相适应的配置文件,使颜色管理系统对文档中实际颜色值的转换更加精确。

"渲染方法"选项可以确定颜色管理系统如何处理色彩空间之间的颜色转换,具体方法如下。

可感知:该选项可以保留颜色之间的视觉关系,以使眼睛看起来感觉很自然,适合摄影图像的打印。

饱和度:该选项可以尝试在降低颜色准确性的情况下生成鲜明的颜色,适合图表或图形类的商业图形的打印。

相对比色:该选项可以比较源色彩空间与目标色彩空间的白色并相应地转换所有颜色。与"可感知"相比,"相对比色"保留的图像原始颜色更多。

绝对比色:该选项可以保持在目标色域内的颜色不变,色域外的颜色将转换为最接近的可重现颜色。

"保留 RGB 颜色值"选项可以设置 Illustrator CC 如何处理不具有相关联颜色配置文件的颜色。当选中此选项时,Illustrator CC 直接向输出设备发送颜色值;如果取消选择,Illustrator CC 则将颜色值转换为输出设备的色彩空间。

(六)"高级"选项卡

在"高级"选项卡中可以控制打印期间的矢量图稿拼合与栅格化等,如图 11-18 所示。

将图稿打印到低分辨率或非 PostScript 的打印机(如台式喷墨打印机)时,可选择"打印成位图"选项,在打印过程中栅格化所有图稿,减少打印出错概率。

如果图稿中含有包含透明度叠印的对象,可以在"叠印"下拉列表中选择一个选项,设置为保留、模拟或放弃叠印。

图 11-18　"高级"选项卡

在"预设"下拉列表中可以选择一项拼合预设。Illustrator CC 包括三种透明度拼合器预设,通过预设可以根据文档的预期用途,使拼合的质量、速度与栅格化透明区域的适当分辨率相匹配。如果选择"自定"拼合预设,可以单击"自定"按钮,在打开的"自定透明度拼合器选项"对话框中设置拼合选项,如图 11-19 所示。

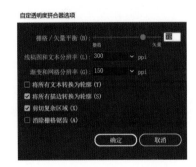

图 11-19　"自定透明度拼合器选项"对话框

在"自定透明度拼合器选项"对话框中,可以拖动"栅格/矢量平衡"选项滑块来指定栅格化数量,设定值越大,图稿上的栅格就越少。

在"线稿图和文本分辨率"文本框中输入数值可以为栅格化的矢量对象指定分辨率。在"渐变和网格分辨率"文本框中输入数值可以为栅格化的渐变和网格对象指定分辨率。

选择"将所有文本转换为轮廓"选项可以将各种文字对象全部转换为轮廓,并放弃所有文字字形信息。选择"将所有描边转换为轮廓"选项可以将所有描边转换为简单的填色路径。

选择"剪切复杂区域"选项可以确保矢量图稿和栅格化图稿间的边界与对象路径相一致,但选择此选项可能会导致路径过于复杂,使打印机难于处理。